韦金菊　刘昔辉　张荣华 等/编著

甘蔗引种与隔离种植检验检疫

中国农业出版社
北　京

图书在版编目（CIP）数据

甘蔗引种与隔离种植检验检疫 / 韦金菊，刘昔辉，张荣华等编著. -- 北京 ：中国农业出版社，2024. 7.
ISBN 978-7-109-32208-0

Ⅰ. S566.1

中国国家版本馆 CIP 数据核字第 20240NR730 号

甘蔗引种与隔离种植检验检疫

GANZHE YINZHONG YU GELI ZHONGZHI JIANYAN JIANYI

中国农业出版社出版
地址：北京市朝阳区麦子店街 18 号楼
邮编：100125
责任编辑：李　瑜
版式设计：杨　婧　　责任校对：张雯婷
印刷：中农印务有限公司
版次：2024 年 7 月第 1 版
印次：2024 年 7 月北京第 1 次印刷
发行：新华书店北京发行所
开本：880mm×1230mm　1/32
印张：5.5
字数：153 千字
定价：55.00 元

编 著 者

主　　编　韦金菊　刘昔辉　张荣华

副 主 编　祝　开　周　珊　桂意云

其他编著者　李海碧　周　会　颜梅新　宋修鹏　经　艳　刘晓燕　翁梦苓　刘　璐　李冬梅　黄冬梅　李杨瑞　王维赞　张保青　蓝桃菊　黄伟华　李　翔　王泽平　杨翠芳

前言

糖是人类重要的食用品之一，也是糖果、饮料等食品饮品的重要原料，中国是世界上第三大食糖生产国，仅次于巴西和印度，食糖消费量居世界第二位，食糖生产在我国的国民经济中占有重要地位。世界糖料作物以甘蔗和甜菜为主。甘蔗是禾本科（Gramineae）甘蔗属（*Saccharum* L.）植物，原产于热带、亚热带地区，是一种高光效的C4植物，光饱和点高、二氧化碳补偿点低、光呼吸率低、光合强度大，因此，其生物产量高、收益大。在我国，甘蔗是制糖的主要原料，年种植面积达$1.8\times10^6 hm^2$，占我国常年糖料面积的85%以上。根据中国糖业协会发布的数据，2012—2022年全国总糖产量平均约为1 017.90万t，甘蔗糖占食糖总产量的90%以上。糖类生产企业主要分布在广西、云南、广东、海南等南方地区；制糖业也是甘蔗主产区，尤其是广西、云南、广东西部等地区社会经济发展的主要贡献者。

由于甘蔗品种选育需要较长的周期，且不同生态区域选育出的甘蔗品种其适应性也不相同。长期种植甘蔗单一品种通常会发生种性退化、病虫害加重、宿根年限缩短等问题，育种者须尽快找到适应本地的高产、高糖、高抗逆性，以及适合机械收割的甘蔗优良新品种来取代日益退化的甘蔗品种。目前，我国糖料蔗种植主要品种为桂糖 42 号、桂柳 05136、新台糖 22 号（ROC22）、粤糖 93－159、桂糖 49 号、桂糖 44 号、桂糖 55 号、云蔗 05－51、云蔗 08－1609、粤糖 00－236、粤糖 55 号、福农 41 号等。2022/2023年榨季，广西育成的 3 个甘蔗品种——桂糖 42 号、桂柳 05136 和桂糖 49 号种植面积分别占我国糖料蔗种植面积的 27.13%、27.94%和 2.09%。粤糖系列和云蔗系列品种种植面积也分别达到我国糖料蔗种植面积的 6.62%和 3.06%。这些主栽品种大部分都含有引进种质资源亲本血缘。引种能充分利用国内外最新育成的甘蔗品种，增加当地品种资源，对拓宽甘蔗遗传基础、提升育种效率，以及提高甘蔗抗逆性、产量和糖分有着举足轻重的作用。但引种的同时可能也会引进许多当地从未发生过的病虫害，进而可能引起重大的经济损失。

随着甘蔗生产的发展、农耕制度的变革、国内外及不同蔗区频繁引种、化学农药不当使用，以及气候和环境复杂多变，甘蔗病虫害发生日趋复杂多样，成为制约甘蔗生产的重要因素之一。据不完全统计，目前世界上已发现的甘蔗病害 120 多种、甘蔗害虫 1 300 多种、蔗田杂草 600 多种；在我国，发现 60 多种病害、400 多种虫害。不同国家、不同地区甘蔗病虫害种类不同，病菌生理小种、病毒株系也不相同；很多甘蔗病虫害在我国蔗区尚未发生。

前　言

本书根据甘蔗科技人员多年来的科研工作经验及相关政策文件和专业文献，对甘蔗引种、引种申请程序、引种隔离种植检疫，以及甘蔗检疫性有害生物、甘蔗重要病害检测技术等方面进行了系统阐述；并在最后收录《中华人民共和国进境植物检疫性有害生物名录》《国外引种检疫审批管理办法》等与甘蔗引种、隔离种植检疫息息相关的实用政策文件，方便读者使用和查询；以期为其他引种单位、海关、植保部门提供甘蔗引种隔离种植检验检疫方面的参考，规范甘蔗隔离试种检验程序，有效控制病虫害随种苗传播蔓延为害和暴发流行，达到甘蔗增产增收、振兴乡村的目的。

本书内容新颖、知识系统、通俗易懂，具有科学性、实用性和可读性，可供科研、教学、生产、管理等有关方面人员，以及农业院校、海关、植保、企业相关人员阅读、参考。由于编者学识有限、编写时间紧张，加之甘蔗引种管理、检验检疫对象、相关程序办法等知识随实际发生情况变化较多，如有疏漏在所难免，请读者积极咨询当地植保、海关部门，并以最新发布的官方文件为准。

本书的研究工作得到了国家糖料产业技术体系（CARS－170105）、广西农业科学院基金团队项目（桂农科 GNK2021YT006）和广西科技重大专项（桂科 AA22117002－1）等资助，编写过程也得到了许多专家的指导，在此一并表示衷心的感谢！

编著者

2023年10月

目录

第一章　甘蔗引种

一、甘蔗引种概况

广义的引种，是指把外地或国外的新作物、新品种或品系，以及研究用的遗传材料引入当地；狭义的引种，是指生产性引种，即引入能供生产上推广栽培的优良品种。对引入的品种一定要做适应性观察、产量试验和栽培试验，确实掌握引入品种的生育期、产量性状、抗逆性、适应性等，并且要和当地品种比较。同时，掌握引入品种的栽培特点，以便在推广时提出适当的栽培技术；还要配合推广，做好引入品种的繁殖工作，保证推广时有充足的、纯度较高的引入品种的种子。从外国、外地引入优良品种，经在本地区试种成功后可直接用于生产，也可作为育种材料加以间接利用。大量引种只可解决品种缺乏时的急需，生产上仍以当地育种工作为主，要迅速培育适合当地的优良品种。

引种具有简便易行、见效快的优点。但引种能否成功，取决于引种地区与原产地区的生态条件差异程度，差异越小引种越容易成功。引种时需要考虑的生态条件包括：气温、日照长度、纬度、海拔、土壤、植被、降水分布及栽培技术水平等，其中气温和日照长度是决定性因素，而纬度和海拔则与气温和日照长度密切相关。引种步骤主要有：①引进品种。根据本地的生态条件和栽培特点，有目的地引进一定数量的材料，为防止本地区没有的病、虫、杂草从外地或国外传入，必须严格遵守植物检疫制度。②品种观测。在有代表性的地块上，使用有代表性的栽培方法，小量种植引种材料，并每隔一定间距种植对照品种（当地优良品种），用于比较对照。③生产推广。经1～2年品种观测后，选出少数优于对照的材料进行产量比较试验等，最后选出最好的材料在生产上推广。

我国甘蔗良种的来源主要有两种途径：一是杂交选育，二是引种驯化。前者是主要途径，通过双亲花穗杂交，培育一定数量的实生苗，甘蔗是异源多倍体，杂交后代会发生性状分离，再进行定向培育选择；后者主要是通过从外地或国外引进新良种，通过适应性试验，对表现较优良的品种直接在本地或本国推广种植。引种能充分利用国内外最新育成的甘蔗品种，增加当地品种资源，对拓宽甘蔗遗传基础、提升育种效率，以及提高甘蔗抗逆性、产量和糖分有着举足轻重的作用。例如广东、云南从广西引进桂糖11号，广西引进广东的粤糖93－159、粤糖60等品种，目前在生产上都有一定的栽培面积；从我国台湾引进的ROC16、ROC22等系列品种在广西、云南、广东也都有大面积种植，成为当地主栽品种，并引起不同程度的增产作用。我国的粤蔗1号、粤蔗3号、粤蔗4号、粤蔗5号、粤蔗7号等品种在非洲马里等国家有相当大的种植面积；而我国引进的爪哇2878、爪哇3016、印度419、印度290、CP29－116、CP72－1210等品种，不但使甘蔗产量得到大幅度提高，而且种植面积也迅速扩大，以上品种都在我国蔗糖业生产上起到了积极的增产作用。

1920年，我国台湾从爪哇引进POJ2725、POJ2878等大茎品种，经过近10年的试种、推广，1930年，POJ2878等品种已占台湾当时总植蔗面积的90％，成为台湾的主要当家品种，为台湾糖业的发展起到了巨大的推动作用。抗日战争胜利后，广东从台湾地区引入F134、F108等品种，经10年的试种、推广，到1958年，F134推广面积已达6.53万hm^2，占全省总植蔗面积的50％～60％，20世纪70年代则高达80％～90％，在广东甘蔗种植史上占绝对的统治地位，F134的推广产生了巨大的经济效益和社会效益，对广东蔗糖业发展作出较大贡献。

二、广西甘蔗引种历程

广西在20世纪30年代以前主栽的甘蔗品种是竹蔗，竹蔗是广西制糖历史上利用最早、时间最长的品种，据文字记载已有2 000多年，竹蔗在当时的制糖原料中占100%。1934年后，广西开始从广东引入爪哇种POJ2878、POJ2725、POJ2727、金山蔗等甘蔗品种，并逐步繁殖推广，竹蔗种植比例便逐渐减少，20世纪40年代末很多甘蔗品种被淘汰，大部分由POJ2878代之。

1941年，广西引入CO290等品种在柳州沙塘农事试验场试种，20世纪50年代，该品种为柳州蔗区的主栽品种之一；1943年，又引入CO331，其宿根性好、促生稳产、适应性广，因此在各地推广很快，但其糖分不高、制糖效益差；1954年，从广东引进台湾育成的品种台糖134，由于该品种高产、高糖、适应性广，很快成为广西甘蔗的主栽品种，取代了爪哇种POJ2878。Triton（选蔗3号）是贵县1972年从广东阳江引入的，由于该品种耐旱、耐瘠、抗逆性强、适应粗放栽培，经多年繁殖试种，比台糖134增产10%～30%，宿根延长1～2年，蔗糖分提高1个百分点左右。截至1985年，选蔗3号推广面积达11 887 hm^2，占贵县蔗区植蔗面积的67.1%，基本上代替了“当家种”台糖134。其他蔗区也大力推广选蔗3号，使该品种成为广西的主要栽培品种之一，1986年占整个广西植蔗面积的11.49%。此外，粤糖63-237、粤糖57-423、粤糖64-395、粤糖71-210、闽糖70-611、海蔗4号、CO997、赣蔗1号、赣蔗8号、赣蔗14号等国内外引进品种在广西蔗区曾经种植过，有些地方多些，有些地方少些，其中的部分品种如粤糖63-237等至20世纪90年代末仍有较大的栽培面积。1998年，广西引进台湾甘蔗品种ROC22，因其早熟、高糖高产、中大茎、脱叶性好、抗旱性较强，自2003年起很快取代广西当时的主栽品种桂糖11

号、ROC16 等，成为广西新的主栽甘蔗品种，并在 2006 年以后占广西甘蔗栽培面积的 60%以上，此后还不断提高至 70%以上，在一些蔗区甚至达 98%以上。从广东引进的粤糖 93－159、粤糖 79－177、粤糖 00－236、粤糖 04－395，以及从国外引进的桂引 5 号（B1）、农林 8 号、CP80－1827 等，也有一定栽培面积。

20 世纪 80 年代以来，改革开放政策的贯彻实施为广西甘蔗品种的引进提供了良好的机遇，广西在过去引种成功的基础上扩大和加强了同国内外蔗糖生产国家和地区的品种交流和合作（图 1－1），广西壮族自治区农业科学院甘蔗研究所对甘蔗种质资源的引进可分为两个时期：①1982—1991 年，从印度、美国、澳大利亚、日本、泰国、巴西、古巴、毛里求斯、巴基斯坦等国家，以及我国台湾地区分 15 批次引进了 293 份甘蔗材料，其中花穗 212 份。②自广西壮族自治区农业科学院甘蔗研究所建成甘蔗引种隔离检疫室后，进行了更大规模的甘蔗种质资源引进。1992—2023 年，从巴西、印度、美国、澳大利亚、日本、法国、古巴、巴基斯坦、毛里求斯、越南、墨西哥、斯里兰卡、斐济、菲律宾、苏丹、柬埔寨、孟加拉国、泰国、缅甸、老挝等国家，以及我国台湾、广东、云南等地区引进甘蔗材料共 804 份，其中花穗 26 份。

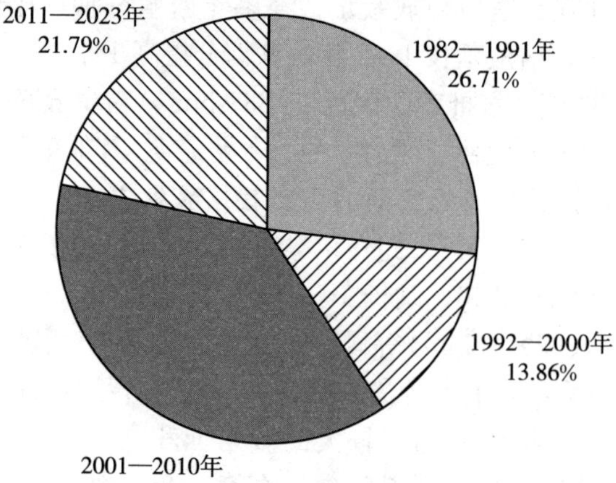

图－1　1982—2023 年广西引进甘蔗种质资源数量比例

自 1982 年以来，广西壮族自治区农业科学院甘蔗研究所从不同国家、地区的甘蔗科研机构、农业部门等单位引进了甘蔗种质资源共 1 097 份，这些国家、地区遍及非洲、北美洲、南美洲、亚洲、大洋洲及欧洲等（表 1－1，表 1－2）。

表 1－1　1982—2023 年广西壮族自治区农业科学院甘蔗研究所引种检疫室引进甘蔗种质资源

年份	来源地	引进数量（份）
1982—1983	美国、印度等	12
1983—1985	巴西	139（花穗）
1984—1986	美国、澳大利亚；中国台湾等	29
1987—1988	美国、古巴、毛里求斯等	25
1989—1990	美国	73（花穗）
1989—1991	印度、日本、泰国、巴基斯坦等	15
1993	巴基斯坦、日本、美国	62
1994	中国台湾；美国	22
1995	古巴、澳大利亚；中国台湾	17
1996	印度、越南、墨西哥、苏丹；中国台湾	6
1998	中国台湾	3
1999	中国台湾	1
2000	印度、美国	41
2001	美国、古巴；中国台湾	18
2002	巴西	6

（续）

年份	来源地	引进数量（份）
2003	巴西	2
2004	美国、古巴	18
2007	菲律宾、美国	13
2008	美国、巴西、澳大利亚、斯里兰卡、越南、柬埔寨	75
2009	中国广东，中国云南	151
2010	孟加拉国、泰国、日本、菲律宾、美国、缅甸、老挝、印度、柬埔寨	130
2012	毛里求斯	10
2013	斐济	4
2014	美国	19
2014	美国	26（花穗）
2015	法国、美国、越南	41
2016	法国	15
2017	法国	22
2018	法国	12
2019	法国	12
2020	法国	25
2021	法国	42
2023	法国	11
合计		1 097

表 1-2 广西壮族自治区农业科学院甘蔗研究所引进的主要甘蔗种质资源

（统计时间：1992—2023 年）

序号	名称	亲本信息		原产地*	引进年份	备注
		母本	父本			
1	BL4	不详	不详	巴基斯坦（Pakistan）	1993	选育品种
2	BF129	不详	不详	巴基斯坦（Pakistan）	1993	选育品种
3	B03-1193	B85-342	Polycross	巴巴多斯-西印度群岛中部甘蔗育种站（WICSCBS-Barbados）	2017	选育品种
4	B03-572	B97-556	Polycross	巴巴多斯-西印度群岛中部甘蔗育种站（WICSCBS-Barbados）	2017	选育品种
5	B03-876	B85-342	Polycross	巴巴多斯-西印度群岛中部甘蔗育种站（WICSCBS-Barbados）	2017	选育品种
6	B03-224	B92-81	BT65-152	巴巴多斯-西印度群岛中部甘蔗育种站（WICSCBS-Barbados）	2016	选育品种
7	B06-374	B92-81	B83-170	巴巴多斯-西印度群岛中部甘蔗育种站（WICSCBS-Barbados）	2020	选育品种
8	B06-710	B88-804	Polycross	巴巴多斯-西印度群岛中部甘蔗育种站（WICSCBS-Barbados）	2020	选育品种
9	B06-792	B92-81	Polycross	巴巴多斯-西印度群岛中部甘蔗育种站（WICSCBS-Barbados）	2020	选育品种

* 本列中未注国名的，原产地均为中国。——编者注

（续）

序号	名称	亲本信息		原产地*	引进年份	备注
		母本	父本			
10	B07-1037	B93-56	Polycross	巴巴多斯-西印度群岛中部甘蔗育种站（WICSCBS-Barbados）	2018	选育品种
11	B07-1047	BBZ81-08	Polycross	巴巴多斯-西印度群岛中部甘蔗育种站（WICSCBS-Barbados）	2018	选育品种
12	B07-695	BBZ92-076	PolyHQ	巴巴多斯-西印度群岛中部甘蔗育种站（WICSCBS-Barbados）	2020	选育品种
13	B10-1138	B41-000	Polycross	巴巴多斯-西印度群岛中部甘蔗育种站（WICSCBS-Barbados）	2020	选育品种
14	Batavia	不详	不详	法国-瓜德罗普岛（Guadeloupe-France）	2021	热带种
15	BBZ86-170	BJ72-30	Polycross	巴巴多斯/伯利兹（Barbados/Belize）	2016	选育品种
16	BBZ86-968	BJ72-30	Polycross	巴巴多斯/伯利兹（Barbados/Belize）	2020	选育品种
17	BBZ88-343	B70-532	MY54-129	巴巴多斯/伯利兹（Barbados/Belize）	2016	选育品种
18	BBZ92-118	B89-1922	Polycross	巴巴多斯/伯利兹（Barbados/Belize）	2017	选育品种
19	BBZ92-755	CR88-258	Polycross	巴巴多斯/伯利兹（Barbados/Belize）	2020	选育品种
20	BBZ93-855	BBZ83-07	Polycross	巴巴多斯/伯利兹（Barbados/Belize）	2016	选育品种

（续）

序号	名称	亲本信息		原产地*	引进年份	备注
		母本	父本			
21	BJ95－13	J84－02	Polycross	牙买加/巴巴多斯-西印度群岛中部甘蔗育种站（Jamaïca/WICSCBS－Barbados）	2020	选育品种
22	BJ95－89	DB81－13	PolyHQ	牙买加/巴巴多斯-西印度群岛中部甘蔗育种站（Jamaïca/WICSCBS－Barbados）	2019	选育品种
23	BJ95－96	BJ82－81	CR67－400	牙买加/巴巴多斯-西印度群岛中部甘蔗育种站（Jamaïca/WICSCBS－Barbados）	2019	选育品种
24	BJ99－106	BJ82－103	Polycross	牙买加/巴巴多斯-西印度群岛中部甘蔗育种站（Jamaïca/WICSCBS－Barbados）	2016	选育品种
25	BJ99－109	CR87－220	Polycross	牙买加/巴巴多斯-西印度群岛中部甘蔗育种站（Jamaïca/WICSCBS－Barbados）	2018	选育品种
26	BJ99－115	WI91－01	Polycross	牙买加/巴巴多斯-西印度群岛中部甘蔗育种站（Jamaïca/WICSCBS－Barbados）	2018	选育品种
27	BJ99－117	BBZ81－08	Polycross	牙买加/巴巴多斯-西印度群岛中部甘蔗育种站（Jamaïca/WICSCBS－Barbados）	2018	选育品种

（续）

序号	名称	亲本信息		原产地*	引进年份	备注
		母本	父本			
28	BJ99-32	BJ82-156	Polycross	牙买加/巴巴多斯-西印度群岛中部甘蔗育种站（Jamaïca/WICSCBS-Barbados）	2017	选育品种
29	Black Cheribon	不详	不详	法国-瓜德罗普岛（Guadeloupe-France）	2021	热带种
30	BR05-021	B85-234	Polycross	多米尼加共和国-拉罗马那/巴巴多斯-西印度群岛中部甘蔗育种站（Romana-Dominican Republic/WICSCBS-Barbados）	2019	选育品种
31	BR06-012	CR85-044	BR91-038	多米尼加共和国-拉罗马那/巴巴多斯-西印度群岛中部甘蔗育种站（Romana-Dominican Republic/WICSCBS-Barbados）	2019	选育品种
32	BR06-1001	CR87-220	Polycross	多米尼加共和国-拉罗马那/巴巴多斯-西印度群岛中部甘蔗育种站（Romana-Dominican Republic/WICSCBS-Barbados）	2021	选育品种
33	BR08-004	WI96-904	Polycross	多米尼加共和国-拉罗马那/巴巴多斯-西印度群岛中部甘蔗育种站（Romana-Dominican Republic/WICSCBS-Barbados）	2016	选育品种
34	BR08-09	WI93-912	Polycross	多米尼加共和国-拉罗马那/巴巴多斯-西印度群岛中部甘蔗育种站（Romana-Dominican Republic/WICSCBS-Barbados）	2018	选育品种

（续）

序号	名称	亲本信息		原产地*	引进年份	备注
		母本	父本			
35	BR10-2002	BR96-002	Polycross	多米尼加共和国-拉罗马那/巴巴多斯-西印度群岛中部甘蔗育种站（Romana-Dominican Republic/WICSCBS-Barbados）	2020	选育品种
36	BT 93-1064	B91-1286	Polycross	特立尼达和多巴哥共和国/巴巴多斯-西印度群岛中部甘蔗育种站（Trinidad/WICSCBS-Barbados）	2020	选育品种
37	C1051-73	不详	不详	古巴（Cuba）	2004	选育品种
38	C120-78	不详	不详	古巴（Cuba）	2001	选育品种
39	C128-83	不详	不详	古巴（Cuba）	2004	选育品种
40	C1324-74	不详	不详	古巴（Cuba）	1995	选育品种
41	C132-81	不详	不详	古巴（Cuba）	2004	选育品种
42	C137-81	不详	不详	古巴（Cuba）	2004	选育品种
43	C290-73	不详	不详	古巴（Cuba）	1995	选育品种
44	C294-70	不详	不详	古巴（Cuba）	1995	选育品种
45	C323-68	B4362	C87-51	古巴（Cuba）	1995	选育品种

（续）

序号	名称	亲本信息		原产地*	引进年份	备注
		母本	父本			
46	C568-75	不详	不详	古巴（Cuba）	1995	选育品种
47	C165-86	不详	不详	古巴（Cuba）	2004	选育品种
48	C456-86	不详	不详	古巴（Cuba）	2004	选育品种
49	C503-86	不详	不详	古巴（Cuba）	2004	选育品种
50	C176-89	不详	不详	古巴（Cuba）	2004	选育品种
51	C178-90	不详	不详	古巴（Cuba）	2004	选育品种
52	C501-90	不详	不详	古巴（Cuba）	2004	选育品种
53	C530-90	不详	不详	古巴（Cuba）	2004	选育品种
54	CC85-92	不详	不详	哥伦比亚（Colombian）	2012	选育品种
55	CIO51-73	不详	不详	古巴（Cuba）	2001	热带种
56	COJ64	COJ976	Co617	印度（India）	1993	选育品种
57	COJ96-104	不详	不详	印度（India）	1996	选育品种
58	CP00-1446	CP93-1607	CP91-1150	美国农业部运河点甘蔗试验站（佛罗里达）（USDA Canal Point，Florida）	2015	选育品种

（续）

序号	名称	亲本信息		原产地*	引进年份	备注
		母本	父本			
59	CP00－1100	不详	不详	美国农业部运河点甘蔗试验站（佛罗里达）（USDA Canal Point，Florida）	2009	选育品种
60	CP00－1101	CP89－2143	CP89－2143	美国农业部运河点甘蔗试验站（佛罗里达）（USDA Canal Point，Florida）	2008	选育品种
61	CP00－1178	不详	不详	美国农业部运河点甘蔗试验站（佛罗里达）（USDA Canal Point，Florida）	2009	选育品种
62	CP00－1252	不详	不详	美国农业部运河点甘蔗试验站（佛罗里达）（USDA Canal Point，Florida）	2009	选育品种
63	CP00－1301	不详	不详	美国农业部运河点甘蔗试验站（佛罗里达）（USDA Canal Point，Florida）	2009	选育品种
64	CP00－1630	CP81－1238	CP90－1535	美国农业部运河点甘蔗试验站（佛罗里达）（USDA Canal Point，Florida－USA）	2008	选育品种
65	CP00－1748	不详	不详	美国农业部运河点甘蔗试验站（佛罗里达）（USDA Canal Point，Florida）	2008	选育品种
66	CP00－1751	不详	不详	美国农业部运河点甘蔗试验站（佛罗里达）（USDA Canal Point，Florida）	2009	选育品种
67	CP00－2180	CP91－552	CP91－552	美国农业部运河点甘蔗试验站（佛罗里达）（USDA Canal Point，Florida）	2008	选育品种

（续）

序号	名称	亲本信息		原产地*	引进年份	备注
		母本	父本			
68	CP00-2459	不详	不详	美国农业部运河点甘蔗试验站（佛罗里达）（USDA Canal Point，Florida）	2009	选育品种
69	CP01-1178	不详	不详	美国农业部运河点甘蔗试验站（佛罗里达）（USDA Canal Point，Florida）	2008	选育品种
70	CP01-1338	不详	不详	美国农业部运河点甘蔗试验站（佛罗里达）（USDA Canal Point，Florida-USA）	2008	选育品种
71	CP01-1372	CP94-1200	CP89-2143	美国农业部运河点甘蔗试验站（佛罗里达）（USDA Canal Point，Florida）	2008	选育品种
72	CP01-1378	不详	不详	美国农业部运河点甘蔗试验站（佛罗里达）（USDA Canal Point，Florida）	2008	选育品种
73	CP01-1391	不详	不详	美国农业部运河点甘蔗试验站（佛罗里达）（USDA Canal Point，Florida）	2008	选育品种
74	CP01-1564	不详	不详	美国农业部运河点甘蔗试验站（佛罗里达）（USDA Canal Point，Florida）	2008	选育品种
75	CP01-2056	不详	不详	美国农业部运河点甘蔗试验站（佛罗里达）（USDA Canal Point，Florida）	2008	选育品种

（续）

序号	名称	亲本信息		原产地*	引进年份	备注
		母本	父本			
76	CP01-2390	不详	不详	美国农业部运河点甘蔗试验站（佛罗里达）（USDA Canal Point，Florida）	2008	选育品种
77	CP01-2459	不详	不详	美国农业部运河点甘蔗试验站（佛罗里达）（USDA Canal Point，Florida）	2008	选育品种
78	CP02-1143	不详	不详	美国农业部运河点甘蔗试验站（佛罗里达）（USDA Canal Point，Florida）	2008	选育品种
79	CP02-1564	不详	不详	美国农业部运河点甘蔗试验站（佛罗里达）（USDA Canal Point，Florida）	2008	选育品种
80	CP04-1844	CP97-1989	CP84-1198	美国农业部运河点甘蔗试验站（佛罗里达）（USDA Canal Point，Florida）	2015	选育品种
81	CP04-1566	CP89-2377	CP96-1252	美国农业部运河点甘蔗试验站（佛罗里达）（USDA Canal Point，Florida）	2014	选育品种
82	CP04-1935	CP94-2059	CP84-1322	美国农业部运河点甘蔗试验站（佛罗里达）（USDA Canal Point，Florida）	2014	选育品种
83	CP05-1526	CP98-1029	CP88-1162	美国农业部运河点甘蔗试验站（佛罗里达）（USDA Canal Point，Florida）	2015	选育品种

（续）

序号	名称	亲本信息		原产地*	引进年份	备注
		母本	父本			
84	CP06－2400	CL90－4643	CP84－1198	美国农业部运河点甘蔗试验站（佛罗里达）（USDA Canal Point，Florida）	2014	选育品种
85	CP06－2042	CP96－1252	01P4	美国农业部运河点甘蔗试验站（佛罗里达）（USDA Canal Point，Florida）	2014	选育品种
86	CP06－2422	CP01－1625	03P29	美国农业部运河点甘蔗试验站（佛罗里达）（USDA Canal Point，Florida）	2010	选育品种
87	CP06－2874	CP94－2203	CP84－1198	美国农业部运河点甘蔗试验站（佛罗里达）（USDA Canal Point，Florida）	2010	选育品种
88	CP06－2897	CP94－2095	CP84－1591	美国农业部运河点甘蔗试验站（佛罗里达）（USDA Canal Point，Florida）	2010	选育品种
89	CP06－2964	CP94－2095	CP97－1387	美国农业部运河点甘蔗试验站（佛罗里达）（USDA Canal Point，Florida）	2021	选育品种
90	CP06－3051	CP00－1398	CP95－1039	美国农业部运河点甘蔗试验站（佛罗里达）（USDA Canal Point，Florida）	2010	选育品种
91	CP06－3103	不详	不详	美国农业部运河点甘蔗试验站（佛罗里达）（USDA Canal Point，Florida）	2021	选育品种

（续）

序号	名称	亲本信息		原产地*	引进年份	备注
		母本	父本			
92	CP07-1313	TCP00-4519	CP84-1198	美国农业部运河点甘蔗试验站（佛罗里达）（USDA Canal Point，Florida）	2021	选育品种
93	CP07-1527	CL01-1564	HoCP01-517	美国农业部运河点甘蔗试验站（佛罗里达）（USDA Canal Point，Florida）	2010	选育品种
94	CP07-1533	不详	不详	美国农业部运河点甘蔗试验站（佛罗里达）（USDA Canal Point，Florida）	2010	选育品种
95	CP07-1618	不详	不详	美国农业部运河点甘蔗试验站（佛罗里达）（USDA Canal Point，Florida）	2010	选育品种
96	CP07-2121	不详	不详	美国农业部运河点甘蔗试验站（佛罗里达）（USDA Canal Point，Florida）	2010	选育品种
97	CP07-2137	CP01-2390	CP84-1198	美国农业部运河点甘蔗试验站（佛罗里达）（USDA Canal Point，Florida）	2010	选育品种
98	CP07-2518	CP01-2390	CP00-1630	美国农业部运河点甘蔗试验站（佛罗里达）（USDA Canal Point，Florida）	2010	选育品种
99	CP07-2547	CP01-2390	CP00-1630	美国农业部运河点甘蔗试验站（佛罗里达）（USDA Canal Point，Florida）	2010	选育品种

（续）

序号	名称	亲本信息		原产地*	引进年份	备注
		母本	父本			
100	CP09-1430	CPCL00-6756	CP01-2390	美国农业部运河点甘蔗试验站（佛罗里达）（USDA Canal Point，Florida)	2020	选育品种
101	CP09-1952	CP01-2390	Poly06-030	美国农业部运河点甘蔗试验站（佛罗里达）（USDA Canal Point，Florida)	2020	选育品种
102	CP09-4226	不详	不详	美国农业部运河点甘蔗试验站（佛罗里达）（USDA Canal Point，Florida)	2014	选育品种
103	CP09-4229	不详	不详	美国农业部运河点甘蔗试验站（佛罗里达）（USDA Canal Point，Florida)	2014	选育品种
104	CP09-4256	CL02-8148	Polycross	美国农业部运河点甘蔗试验站（佛罗里达）（USDA Canal Point，Florida)	2010	选育品种
105	CP09-4257	CP03-1026	CP03-1160	美国农业部运河点甘蔗试验站（佛罗里达）（USDA Canal Point，Florida)	2010	选育品种
106	CP09-4369	CP89-2143	Polycross	美国农业部运河点甘蔗试验站（佛罗里达）（USDA Canal Point，Florida)	2010	选育品种
107	CP09-4448	L04-431	CP97-1777	美国农业部运河点甘蔗试验站（佛罗里达）（USDA Canal Point，Florida)	2010	选育品种

（续）

序号	名称	亲本信息		原产地*	引进年份	备注
		母本	父本			
108	CP09-4647	CP03-2169	Poly06-21	美国农业部运河点甘蔗试验站（佛罗里达）（USDA Canal Point，Florida）	2010	选育品种
109	CP09-4707	CP03-1026	CP84-1198	美国农业部运河点甘蔗试验站（佛罗里达）（USDA Canal Point，Florida）	2010	选育品种
110	CP10-1208	CP01-2390	TCP98-4454	美国农业部运河点甘蔗试验站（佛罗里达）（USDA Canal Point，Florida）	2023	选育品种
111	CP-1	不详	不详	美国农业部运河点甘蔗试验站（佛罗里达）（USDA Canal Point，Florida）	2009	品系
112	CP-2	不详	不详	美国农业部运河点甘蔗试验站（佛罗里达）（USDA Canal Point，Florida）	2009	品系
113	CP-3	不详	不详	美国农业部运河点甘蔗试验站（佛罗里达）（USDA Canal Point，Florida）	2009	品系
114	CP7	不详	不详	美国农业部运河点甘蔗试验站（佛罗里达）（USDA Canal Point，Florida）	2009	选育品种
115	CP43-33	不详	不详	美国农业部运河点甘蔗试验站（佛罗里达）（USDA Canal Point，Florida）	1993	选育品种

（续）

序号	名称	亲本信息		原产地*	引进年份	备注
		母本	父本			
116	CP51－21	不详	不详	美国农业部运河点甘蔗试验站（佛罗里达）（USDA Canal Point，Florida）	1995	选育品种
117	CP61－39	不详	不详	美国农业部运河点甘蔗试验站（佛罗里达）（USDA Canal Point，Florida）	1994	选育品种
118	CP67－412	CP44－155	CP53－16	美国农业部运河点甘蔗试验站（佛罗里达）（USDA Canal Point，Florida）	2009	选育品种
119	CP70－1527	CP62－374	CP57－526	美国农业部运河点甘蔗试验站（佛罗里达）（USDA Canal Point，Florida）	1994	选育品种
120	CP70－1547	不详	不详	美国农业部运河点甘蔗试验站（佛罗里达）（USDA Canal Point，Florida）	1993	选育品种
121	CP70－321	CP61－39	CP57－614	美国农业部运河点甘蔗试验站（佛罗里达）（USDA Canal Point，Florida）	2009	选育品种
122	CP72－1210	CP65－357	CP56－63	美国农业部运河点甘蔗试验站（佛罗里达）（USDA Canal Point，Florida）	2009	选育品种
123	CP72－2086	CP62－374	CP63－588	美国农业部运河点甘蔗试验站（佛罗里达）（USDA Canal Point，Florida）	2000	选育品种

（续）

序号	名称	亲本信息		原产地*	引进年份	备注
		母本	父本			
124	CP72-330	CP61-39	CP57-614	美国农业部运河点甘蔗试验站（佛罗里达）（USDA Canal Point，Florida）	2009	选育品种
125	CP72-356	CP63-361	CP62-258	美国农业部运河点甘蔗试验站（佛罗里达）（USDA Canal Point，Florida）	1994	选育品种
126	CP72-370	CP61-37	CP52-68	美国农业部运河点甘蔗试验站（佛罗里达）（USDA Canal Point，Florida）	1994	选育品种
127	CP73-1547	CP56-63	CP66-1043	美国农业部运河点甘蔗试验站（佛罗里达）（USDA Canal Point，Florida）	2009	选育品种
128	CP73-375	不详	不详	美国农业部运河点甘蔗试验站（佛罗里达）（USDA Canal Point，Florida）	1993	选育品种
129	CP74-2005	CP66-1043	CP63-588	美国农业部运河点甘蔗试验站（佛罗里达）（USDA Canal Point，Florida）	2009	选育品种
130	CP75-1082	CP68-1067	CP70-1130	美国农业部运河点甘蔗试验站（佛罗里达）（USDA Canal Point，Florida）	1994	选育品种
131	CP75-1553	CP68-1026	Polycross	美国农业部运河点甘蔗试验站（佛罗里达）（USDA Canal Point，Florida）	1994	选育品种

（续）

序号	名称	亲本信息		原产地*	引进年份	备注
		母本	父本			
132	CP75 - 1632	CP68 - 1067	CP70 - 1133	美国农业部运河点甘蔗试验站（佛罗里达）（USDA Canal Point，Florida）	1994	选育品种
133	CP77 - 1776	CP68 - 1067	CP68 - 1022	美国农业部运河点甘蔗试验站（佛罗里达）（USDA Canal Point，Florida）	1994	选育品种
134	CP78 - 1247	CP68 - 1067	CP57 - 614	美国农业部运河点甘蔗试验站（佛罗里达）（USDA Canal Point，Florida）	1994	选育品种
135	CP78 - 1628	CP65 - 357	CP68 - 1026	美国农业部运河点甘蔗试验站（佛罗里达）（USDA Canal Point，Florida）	2000	选育品种
136	CP78 - 2114	不详	不详	美国农业部运河点甘蔗试验站（佛罗里达）（USDA Canal Point，Florida）	2000	选育品种
137	CP79 - 318	CP65 - 357	L65 - 69	美国农业部运河点甘蔗试验站（佛罗里达）（USDA Canal Point，Florida）	1994	选育品种
138	CP8	不详	不详	美国农业部运河点甘蔗试验站（佛罗里达）（USDA Canal Point，Florida）	2009	选育品种
139	CP80 - 1743	CP72 - 2083	CP68 - 1067	美国农业部运河点甘蔗试验站（佛罗里达）（USDA Canal Point，Florida）	2000	选育品种

（续）

序号	名称	亲本信息		原产地*	引进年份	备注
		母本	父本			
140	CP80-1827	CP70-1133	CP73-1311	美国农业部运河点甘蔗试验站（佛罗里达）（USDA Canal Point，Florida）	1994	选育品种
141	CP81-1302	CP72-2079	CP71-1086	美国农业部运河点甘蔗试验站（佛罗里达）（USDA Canal Point，Florida）	2009	选育品种
142	CP81-1384	CP68-1067	CP74-2013	美国农业部运河点甘蔗试验站（佛罗里达）（USDA Canal Point，Florida）	1994	选育品种
143	CP81-2149	不详	不详	美国农业部运河点甘蔗试验站（佛罗里达）（USDA Canal Point，Florida）	1994	选育品种
144	CP82-1172	CP75-1091	CP75-1283	美国农业部运河点甘蔗试验站（佛罗里达）（USDA Canal Point，Florida）	1994	选育品种
145	CP82-1592	CP72-1210	CP70-1133	美国农业部运河点甘蔗试验站（佛罗里达）（USDA Canal Point，Florida）	1994	选育品种
146	CP84-1198	CP70-1133	CP72-2086	美国农业部运河点甘蔗试验站（佛罗里达）（USDA Canal Point，Florida）	2009	选育品种
147	CP84-1591	CP72-1370	CP68-1022	美国农业部运河点甘蔗试验站（佛罗里达）（USDA Canal Point，Florida）	2000	选育品种

（续）

序号	名称	亲本信息		原产地*	引进年份	备注
		母本	父本			
148	CP85-1308	R567	CP74-2013	美国农业部运河点甘蔗试验站（佛罗里达）（USDA Canal Point，Florida）	2000	选育品种
149	CP85-1432	CP70-1527	Polycross	美国农业部运河点甘蔗试验站（佛罗里达）（USDA Canal Point，Florida）	1994	选育品种
150	CP88-1508	CL78-1120	CL78-1600	美国农业部运河点甘蔗试验站（佛罗里达）（USDA Canal Point，Florida）	2000	选育品种
151	CP88-1540	CP78-1610	CP81-1238	美国农业部运河点甘蔗试验站（佛罗里达）（USDA Canal Point，Florida）	2009	选育品种
152	CP88-1762	CP80-1743	Polycross	美国农业部运河点甘蔗试验站（佛罗里达）（USDA Canal Point，Florida）	2009	选育品种
153	CP88-1834	CP72-1210	LCP81-30	美国农业部运河点甘蔗试验站（佛罗里达）（USDA Canal Point，Florida）	2009	选育品种
154	CP89-1509	CP80-1827	Polycross	美国农业部运河点甘蔗试验站（佛罗里达）（USDA Canal Point，Florida）	2000	选育品种
155	CP89-2143	CP81-1254	CP72-2086	美国农业部运河点甘蔗试验站（佛罗里达）（USDA Canal Point，Florida）	2000	选育品种

（续）

序号	名称	亲本信息		原产地*	引进年份	备注
		母本	父本			
156	CP89-2376	不详	不详	美国农业部运河点甘蔗试验站（佛罗里达）（USDA Canal Point，Florida）	2004	选育品种
157	CP92-1641	CP80-1827	CP84-1322	美国农业部运河点甘蔗试验站（佛罗里达）（USDA Canal Point，Florida）	2009	选育品种
158	CP94-1100	CP81-1238	CP88-2045	美国农业部运河点甘蔗试验站（佛罗里达）（USDA Canal Point，Florida）	2004	选育品种
159	CP94-1340	CP81-1238	CP81-2045	美国农业部运河点甘蔗试验站（佛罗里达）（USDA Canal Point，Florida）	2004	选育品种
160	CP96-1252	CP90-1533	CP84-1198	美国农业部运河点甘蔗试验站（佛罗里达）（USDA Canal Point，Florida）	2004	选育品种
161	CP96-1602	CP81-1425	Polycross	美国农业部运河点甘蔗试验站（佛罗里达）（USDA Canal Point，Florida）	2008	选育品种
162	CP98-1029	CP91-1980	CP94-1952	美国农业部运河点甘蔗试验站（佛罗里达）（USDA Canal Point，Florida）	2008	选育品种
163	CP99-1893	不详	不详	美国农业部运河点甘蔗试验站（佛罗里达）（USDA Canal Point，Florida）	2008	选育品种

（续）

序号	名称	亲本信息		原产地*	引进年份	备注
		母本	父本			
164	CPCL00－4111	CL83－3431	CL89－5189	美国农业部运河点甘蔗试验站（佛罗里达）（USDA Canal Point，Florida）	2014	选育品种
165	CPCL02－0926	CP80－1743	CL92－0046	美国农业部运河点甘蔗试验站（佛罗里达）（USDA Canal Point，Florida）	2014	选育品种
166	CPCL02－1295	CP88－1762	CL91－1637	美国农业部运河点甘蔗试验站（佛罗里达）（USDA Canal Point，Florida）	2014	选育品种
167	CPCL02－6848	CL92－2533	Poly01－9	美国农业部运河点甘蔗试验站（佛罗里达）（USDA Canal Point，Florida）	2014	选育品种
168	CPCL02－8001	不详	不详	美国农业部运河点甘蔗试验站（佛罗里达）（USDA Canal Point，Florida）	2010	选育品种
169	CPCL05－1102	CL89－5189	CL88－4730	美国农业部运河点甘蔗试验站（佛罗里达）（USDA Canal Point，Florida）	2014	选育品种
170	CPCL05－1201	CL87－2882	CL93－2679	美国农业部运河点甘蔗试验站（佛罗里达）（USDA Canal Point，Florida）	2014	选育品种
171	CPCL05－1526	CP98－1029	CP88－1162	美国农业部运河点甘蔗试验站（佛罗里达）（USDA Canal Point，Florida）	2014	选育品种

（续）

序号	名称	亲本信息		原产地*	引进年份	备注
		母本	父本			
172	CPCL05－1791	CP96－1252	CL90－4725	美国农业部运河点甘蔗试验站（佛罗里达）（USDA Canal Point，Florida）	2014	选育品种
173	CPCL06－3179	CP84－1591	CL92－4193	美国农业部运河点甘蔗试验站（佛罗里达）（USDA Canal Point，Florida）	2010	选育品种
174	CPCL06－3332	CL90－5017	CP88－1762	美国农业部运河点甘蔗试验站（佛罗里达）（USDA Canal Point，Florida）	2010	选育品种
175	CPCL06－3458	CP96－1252	CL93－5158	美国农业部运河点甘蔗试验站（佛罗里达）（USDA Canal Point，Florida）	2010	选育品种
176	CPCL06－3477	CP97－2068	CP96－1252	美国农业部运河点甘蔗试验站（佛罗里达）（USDA Canal Point，Florida）	2010	选育品种
177	CPCL09－4160	CP80－1743	Poly01－8	美国农业部运河点甘蔗试验站（佛罗里达）（USDA Canal Point，Florida）	2021	选育品种
178	CPCL95－2287	CL78－1120	CL78－1600	美国农业部运河点甘蔗试验站（佛罗里达）（USDA Canal Point，Florida）	2014	选育品种
179	CPCL96－2574	不详	不详	美国农业部运河点甘蔗试验站（佛罗里达）（USDA Canal Point，Florida）	2008	选育品种

（续）

序号	名称	亲本信息		原产地*	引进年份	备注
		母本	父本			
180	CPCL97-2730	CL75-0853	CL88-4730	美国农业部运河点甘蔗试验站（佛罗里达）（USDA Canal Point，Florida）	2007	选育品种
181	CPCL99-4455	CL90-4643	CP84-1198	美国农业部运河点甘蔗试验站（佛罗里达）（USDA Canal Point，Florida）	2015	选育品种
182	CPCL99-1401	不详	不详	美国农业部运河点甘蔗试验站（佛罗里达）（USDA Canal Point，Florida）	2008	选育品种
183	CPCL99-4455	CL90-4643	CP84-1198	美国农业部运河点甘蔗试验站（佛罗里达）（USDA Canal Point，Florida）	2008	选育品种
184	CPF214	不详	不详	巴基斯坦（Pakistan）	1993	选育品种
185	13-0143	CP08-1183	Poly13-003	美国农业部运河点甘蔗试验站（佛罗里达）（USDA Canal Point，Florida）	2015	杂交花穗
186	13-0366	CP08-1965	CPCL02-8021	美国农业部运河点甘蔗试验站（佛罗里达）（USDA Canal Point，Florida）	2015	杂交花穗
187	13-0377	CP08-1965	CP07-2317	美国农业部运河点甘蔗试验站（佛罗里达）（USDA Canal Point，Florida）	2015	杂交花穗
188	13-0396	CP04-1250	CP08-1553	美国农业部运河点甘蔗试验站（佛罗里达）（USDA Canal Point，Florida）	2015	杂交花穗

（续）

序号	名称	亲本信息		原产地*	引进年份	备注
		母本	父本			
189	13-0416	CP09-2002	Poly13-007	美国农业部运河点甘蔗试验站（佛罗里达）（USDA Canal Point，Florida）	2015	杂交花穗
190	13-0417	CP92-1167	Poly13-007	美国农业部运河点甘蔗试验站（佛罗里达）（USDA Canal Point，Florida）	2015	杂交花穗
191	13-0418	CP08-1183	Poly13-007	美国农业部运河点甘蔗试验站（佛罗里达）（USDA Canal Point，Florida）	2015	杂交花穗
192	13-0419	CPCL97-0393	Poly13-007	美国农业部运河点甘蔗试验站（佛罗里达）（USDA Canal Point，Florida）	2015	杂交花穗
193	13-0420	CP08-1553	Poly13-007	美国农业部运河点甘蔗试验站（佛罗里达）（USDA Canal Point，Florida）	2015	杂交花穗
194	13-0421	CP08-1965	Poly13-007	美国农业部运河点甘蔗试验站（佛罗里达）（USDA Canal Point，Florida）	2015	杂交花穗
195	13-0423	CPCL02-8021	Poly13-007	美国农业部运河点甘蔗试验站（佛罗里达）（USDA Canal Point，Florida）	2015	杂交花穗
196	13-0639	CP97-1777	Poly13-009	美国农业部运河点甘蔗试验站（佛罗里达）（USDA Canal Point，Florida）	2015	杂交花穗
197	13-0642	CP08-1553	Poly13-009	美国农业部运河点甘蔗试验站（佛罗里达）（USDA Canal Point，Florida）	2015	杂交花穗

（续）

序号	名称	亲本信息		原产地*	引进年份	备注
		母本	父本			
198	13-0644	CPCL02-8021	Poly13-009	美国农业部运河点甘蔗试验站（佛罗里达）（USDA Canal Point，Florida）	2015	杂交花穗
199	13-0646	CP56-0059	Poly13-009	美国农业部运河点甘蔗试验站（佛罗里达）（USDA Canal Point，Florida）	2015	杂交花穗
200	13-0647	CL84-3152	Poly13-009	美国农业部运河点甘蔗试验站（佛罗里达）（USDA Canal Point，Florida）	2015	杂交花穗
201	13-0649	CP08-2506	Poly13-009	美国农业部运河点甘蔗试验站（佛罗里达）（USDA Canal Point，Florida）	2015	杂交花穗
202	13-0653	CP92-1167	Ploy13-011	美国农业部运河点甘蔗试验站（佛罗里达）（USDA Canal Point，Florida）	2015	杂交花穗
203	13-0723	CP09-4267	Poly13-012	美国农业部运河点甘蔗试验站（佛罗里达）（USDA Canal Point，Florida）	2015	杂交花穗
204	13-0724	CP92-1167	Poly13-012	美国农业部运河点甘蔗试验站（佛罗里达）（USDA Canal Point，Florida）	2015	杂交花穗
205	13-0980	CP84-1198	CP05-1616	美国农业部运河点甘蔗试验站（佛罗里达）（USDA Canal Point，Florida）	2015	杂交花穗
206	13-1088	CP84-1198	CP01-2390	美国农业部运河点甘蔗试验站（佛罗里达）（USDA Canal Point，Florida）	2015	杂交花穗

（续）

序号	名称	亲本信息		原产地*	引进年份	备注
		母本	父本			
207	13-1191	CP06-2664	CP09-1512	美国农业部运河点甘蔗试验站（佛罗里达）（USDA Canal Point，Florida）	2015	杂交花穗
208	13-1213	CP07-1118	Poly13-017	美国农业部运河点甘蔗试验站（佛罗里达）（USDA Canal Point，Florida）	2015	杂交花穗
209	13-1215	CP84-1198	Poly13-017	美国农业部运河点甘蔗试验站（佛罗里达）（USDA Canal Point，Florida）	2015	杂交花穗
210	13-1305	CP92-1167	CP07-2547	美国农业部运河点甘蔗试验站（佛罗里达）（USDA Canal Point，Florida）		杂交花穗
211	CTC-3	不详	不详	巴西（Brazil）	2008	选育品种
212	CTC-5	不详	不详	巴西（Brazil）	2008	选育品种
213	CTC-7	不详	不详	巴西（Brazil）	2008	选育品种
214	CTC-8	不详	不详	巴西（Brazil）	2008	选育品种
215	CTC-9	不详	不详	巴西（Brazil）	2008	选育品种
216	DB70-121	B63-118	HJ57-41	圭亚那/巴巴多斯-西印度群岛中部甘蔗育种站（Guyana/WICSCBS-Barbados）	2017	选育品种

（续）

序号	名称	亲本信息		原产地*	引进年份	备注
		母本	父本			
217	FG04 - 333	B77 - 84	D172	法国-瓜德罗普岛（Guadeloupe - France)	2015	品系
218	FG06 - 691	CP57 - 614	Polycross	法国-瓜德罗普岛（Guadeloupe - France)	2015	品系
219	FG07 - 338	CP72 - 1210	BJ87 - 16	法国-瓜德罗普岛（Guadeloupe - France)	2015	品系
220	FG08 - 057	CP67 - 413	Polycross	法国-瓜德罗普岛（Guadeloupe - France)	2015	品系
221	FG08 - 061	CP67 - 413	Polycross	法国-瓜德罗普岛（Guadeloupe - France)	2015	品系
222	FG08 - 159	B83 - 1038	Polycross	法国-瓜德罗普岛（Guadeloupe - France)	2015	品系
223	FG08 - 533	CP57 - 614	Polycross	法国-瓜德罗普岛（Guadeloupe - France)	2015	品系
224	FG08 - 757	SP70 - 1005	BJ82 - 90	法国-瓜德罗普岛（Guadeloupe - France)	2017	品系
225	FG09 - 060	R594 - 158	R934 - 255	法国-瓜德罗普岛（Guadeloupe - France)	2016	品系
226	FG09 - 109	B9281	BT65 - 152	法国-瓜德罗普岛（Guadeloupe - France)	2017	品系
227	FG09 - 124	R97 - 4029	R92 - 4629	法国-瓜德罗普岛（Guadeloupe - France)	2016	品系
228	FG09 - 128	BJ72 - 30	Polycross	法国-瓜德罗普岛（Guadeloupe - France)	2017	品系
229	FG09 - 190	R579	H72 - 8597	法国-瓜德罗普岛（Guadeloupe - France)	2016	品系

（续）

序号	名称	亲本信息		原产地*	引进年份	备注
		母本	父本			
230	FG09-255	CP67-413	FR90-646	法国-瓜德罗普岛（Guadeloupe-France）	2016	品系
231	FG09-314	B70-532	MY54-129	法国-瓜德罗普岛（Guadeloupe-France）	2017	品系
232	FG09-317	BJ85-34	FR87-1002	法国-瓜德罗普岛（Guadeloupe-France）	2016	品系
233	FG09-331	BJ85-34	FR87-1002	法国-瓜德罗普岛（Guadeloupe-France）	2016	品系
234	FG09-346	BBZ83-07	Polycross	法国-瓜德罗普岛（Guadeloupe-France）	2017	品系
235	FG09-367	BJ82-103	Polycross	法国-瓜德罗普岛（Guadeloupe-France）	2017	品系
236	FG09-492	不详	不详	法国-瓜德罗普岛（Guadeloupe-France）	2017	品系
237	FG09-496	不详	不详	法国-瓜德罗普岛（Guadeloupe-France）	2017	品系
238	FG09-501	不详	不详	法国-瓜德罗普岛（Guadeloupe-France）	2017	品系
239	FG09-531	不详	不详	法国-瓜德罗普岛（Guadeloupe-France）	2017	品系
240	FG09-538	不详	不详	法国-瓜德罗普岛（Guadeloupe-France）	2017	品系
241	FG90-368	WI96-904	Polycross	法国-瓜德罗普岛（Guadeloupe-France）	2017	品系
242	FG92-380	不详	不详	法国-瓜德罗普岛（Guadeloupe-France）	2017	品系

（续）

序号	名称	亲本信息		原产地*	引进年份	备注
		母本	父本			
243	FR89－746	B73－520	Polycross	法国-瓜德罗普岛（Guadeloupe－France)	2017	选育品种
244	FR90－881	N16	Polycross	法国-瓜德罗普岛（Guadeloupe－France)	2017	选育品种
245	FR92－394	CP67－412	Polycross	法国-瓜德罗普岛（Guadeloupe－France)	2017	选育品种
246	FR93－1054	不详	不详	法国-瓜德罗普岛（Guadeloupe－France)	2009	选育品种
247	FR93－257	不详	不详	法国-瓜德罗普岛（Guadeloupe－France)	2009	选育品种
248	FR93－344	不详	不详	法国-瓜德罗普岛（Guadeloupe－France)	2009	选育品种
249	FR93－471	不详	不详	法国-瓜德罗普岛（Guadeloupe－France)	2009	选育品种
250	FR93－803	不详	不详	法国-瓜德罗普岛（Guadeloupe－France)	2009	选育品种
251	FR94－126	不详	不详	法国-瓜德罗普岛（Guadeloupe－France)	2009	选育品种
252	FR94－129	SP70－1005	BJ8290	法国-瓜德罗普岛（Guadeloupe－France)	2016	选育品种
253	FR94－162	不详	不详	法国-瓜德罗普岛（Guadeloupe－France)	2009	选育品种
254	FR94－22	不详	不详	法国-瓜德罗普岛（Guadeloupe－France)	2009	选育品种
255	FR94－280	不详	不详	法国-瓜德罗普岛（Guadeloupe－France)	2009	选育品种

（续）

序号	名称	亲本信息		原产地*	引进年份	备注
		母本	父本			
256	FR94-515	不详	不详	法国-瓜德罗普岛（Guadeloupe-France）	2009	选育品种
257	FR95-579	B95-79	Polycross	法国-瓜德罗普岛（Guadeloupe-France）	2018	选育品种
258	FR96-17	不详	不详	法国-瓜德罗普岛（Guadeloupe-France）	2009	选育品种
259	FR96-29	不详	不详	法国-瓜德罗普岛（Guadeloupe-France）	2009	选育品种
260	FR96-34	不详	不详	法国-瓜德罗普岛（Guadeloupe-France）	2009	选育品种
261	FR96-47	不详	不详	法国-瓜德罗普岛（Guadeloupe-France）	2009	选育品种
262	FR96-95	不详	不详	法国-瓜德罗普岛（Guadeloupe-France）	2009	选育品种
263	FR97-32	不详	不详	法国-瓜德罗普岛（Guadeloupe-France）	2009	选育品种
264	FR97-37	不详	不详	法国-瓜德罗普岛（Guadeloupe-France）	2009	选育品种
265	FR97-80	不详	不详	法国-瓜德罗普岛（Guadeloupe-France）	2009	选育品种
266	FR97-82	不详	不详	法国-瓜德罗普岛（Guadeloupe-France）	2009	选育品种
267	FR98-41	不详	不详	法国-瓜德罗普岛（Guadeloupe-France）	2009	选育品种
268	FR98-53	不详	不详	法国-瓜德罗普岛（Guadeloupe-France）	2009	选育品种

（续）

序号	名称	亲本信息		原产地*	引进年份	备注
		母本	父本			
269	FR99－116	不详	不详	法国－瓜德罗普岛（Guadeloupe－France）	2009	选育品种
270	FR99－244	不详	不详	法国－瓜德罗普岛（Guadeloupe－France）	2009	选育品种
271	FR99－307	不详	不详	法国－瓜德罗普岛（Guadeloupe－France）	2009	选育品种
272	FR99－413	不详	不详	法国－瓜德罗普岛（Guadeloupe－France）	2009	选育品种
273	FR99－429	不详	不详	法国－瓜德罗普岛（Guadeloupe－France）	2009	选育品种
274	FR99－49	不详	不详	法国－瓜德罗普岛（Guadeloupe－France）	2009	选育品种
275	GP02－1－41	不详	不详	印度尼西亚（Indonesia）	2008	选育品种
276	Ho05－961	CP83－644	TucCP77－42	美国农业部荷马甘蔗研究所，路易斯安那州，（USDA－ARS，Sugarcane Field Station，Houma，Louisiana）	2015	选育品种
277	Ho07－613	HoCP00－905	HoCP96－540	美国农业部荷马甘蔗研究所，路易斯安那州，（USDA－ARS，Sugarcane Field Station，Houma，Louisiana）	2015	选育品种
278	HoCP00－950	HoCP93－750	HoCP92－676	美国农业部荷马甘蔗研究所，路易斯安那州，（USDA－ARS，Sugarcane Field Station，Houma，Louisiana）	2007	选育品种

（续）

序号	名称	亲本信息		原产地*	引进年份	备注
		母本	父本			
279	HoCP00 - 961	US94 - 1	HoCP91 - 552	美国农业部荷马甘蔗研究所，路易斯安那州，（USDA - ARS，Sugarcane Field Station，Houma，Louisiana）	2007	选育品种
280	HoCP01 - 517	不详	不详	美国农业部荷马甘蔗研究所，路易斯安那州，（USDA - ARS，Sugarcane Field Station，Houma，Louisiana）	2007	选育品种
281	HoCP01 - 523	不详	不详	美国农业部荷马甘蔗研究所，路易斯安那州，（USDA - ARS，Sugarcane Field Station，Houma，Louisiana）	2007	选育品种
282	HoCP02 - 610	不详	不详	美国农业部荷马甘蔗研究所，路易斯安那州（USDA - ARS，Sugarcane Field Station，Houma，Louisiana）	2007	选育品种
283	HoCP04 - 838	HoCP85 - 845	LCP85 - 384	美国农业部荷马甘蔗研究所，路易斯安那州（USDA - ARS，Sugarcane Field Station，Houma，Louisiana）	2007	选育品种
284	HoCP04 - 843	HoCP85 - 845	LCP85 - 384	美国农业部荷马甘蔗研究所，路易斯安那州（USDA - ARS，Sugarcane Field Station，Houma，Louisiana）	2007	选育品种
285	HoCP04 - 856	不详	不详	美国农业部荷马甘蔗研究所，路易斯安那州（USDA - ARS，Sugarcane Field Station，Houma，Louisiana）	2007	选育品种

（续）

序号	名称	亲本信息		原产地*	引进年份	备注
		母本	父本			
286	HoCP63-838	不详	不详	美国农业部荷马甘蔗研究所，路易斯安那州（USDA-ARS，Sugarcane Field Station，Houma，Louisiana）	2007	选育品种
287	HoCP85-845	CP72-370	CP77-403	美国农业部荷马甘蔗研究所，路易斯安那州（USDA-ARS，Sugarcane Field Station，Houma，Louisiana）	2015	选育品种
288	HoCP91-552	LCP81-10	CP72-356	美国农业部荷马甘蔗研究所，路易斯安那州（USDA-ARS，Sugarcane Field Station，Houma，Louisiana）	2007	选育品种
289	HoCP96-540	LCP86-454	LCP85-384	美国农业部荷马甘蔗研究所，路易斯安那州（USDA-ARS，Sugarcane Field Station，Houma，Louisiana）	2007	选育品种
290	HoCP99-833	不详	不详	美国农业部荷马甘蔗研究所，路易斯安那州（USDA-ARS，Sugarcane Field Station，Houma，Louisiana）	2007	选育品种
291	IAC86-2480	不详	不详	巴西（Brazil）	2002	选育品种
292	IK7641	不详	不详	法国-瓜德罗普岛（Guadeloupe-France）	2021	割手密
293	IND81-082	不详	不详	美国农业部运河点甘蔗试验站（佛罗里达）（USDA Canal Point，Florida）	2023	割手密
294	ISD16	不详	不详	孟加拉国（Bangladesh）	2010	选育品种

（续）

序号	名称	亲本信息		原产地*	引进年份	备注
		母本	父本			
295	ISD20	不详	不详	孟加拉国（Bangladesh）	2010	选育品种
296	ISD22	不详	不详	孟加拉国（Bangladesh）	2010	选育品种
297	ISD24	不详	不详	孟加拉国（Bangladesh）	2009	选育品种
298	ISD28	不详	不详	孟加拉国（Bangladesh）	2009	选育品种
299	Ja60-5	Ja55-663	B42231	古巴（Cuba）	1995	选育品种
300	Ja64-11	POJ2878	Co356	古巴（Cuba）	1995	选育品种
301	Ja64-19	不详	不详	古巴（Cuba）	1995	选育品种
302	K82-129	POJ3067	不详	泰国（Thailand）	2009	选育品种
303	K83-32	Ebene 37-1	F156	泰国（Thailand）	2009	选育品种
304	K83-74	Q67	CP34-79	泰国（Thailand）	2009	选育品种
305	K84-200	ROCI	CP63-588	泰国（Thailand）	2009	选育品种
306	K84-380	H59-3775	Ebene 37-1	泰国（Thailand）	2009	选育品种
307	K84-69	F134	ROC1	泰国（Thailand）	2009	选育品种

（续）

序号	名称	亲本信息		原产地*	引进年份	备注
		母本	父本			
308	K84-711	F160	不详	泰国（Thailand）	2009	选育品种
309	K85-257	POJ3067	F160	泰国（Thailand）	2009	选育品种
310	K86-110	Q49	F172	泰国（Thailand）	2009	选育品种
311	K86-138	Co740	不详	泰国（Thailand）	2009	选育品种
312	K88-29	UT1	PL310	泰国（Thailand）	2010	选育品种
313	K92-11	K84-200	E-heaw	泰国（Thailand）	2010	选育品种
314	SP80	95-2-352	K84-200	泰国（Thailand）	2010	选育品种
315	K95-84	K90-79	K84-200	泰国（Thailand）	2010	选育品种
316	KK3	85-2-352	K84-200	泰国（Thailand）	2010	选育品种
317	KKN3	不详	不详	泰国（Thailand）	2010	选育品种
318	KN04-1149	KnB9211	Polycross	苏丹（Soudan）	2021	选育品种
319	KN07-0030	Kn9306	KnH80412	苏丹（Soudan）	2021	选育品种
320	KN07-0032	BJ8374	KnH80412	苏丹（Soudan）	2021	选育品种

（续）

序号	名称	亲本信息		原产地*	引进年份	备注
		母本	父本			
321	KN07-108	KnB92101	Polycross	苏丹（Soudan）	2021	选育品种
322	KN04-2001	KnB92101	Polycross	苏丹（Soudan）	2023	选育品种
323	KN07-2038	Kn9128	Kn90455	苏丹（Soudan）	2023	选育品种
324	KN93-06	Co421	CP75-1082	苏丹（Soudan）	2009	选育品种
325	L01-283	L93-365	LCP85-384	美国农业部-路易斯安那大学（USDA-ARS，Louisiana State University）	2009	选育品种
326	L01-299	L93-365	LCP85-384	美国农业部-路易斯安那大学（USDA-ARS，Louisiana State University）	2009	选育品种
327	L03-371	CP83-644	LCP82-89	美国农业部-路易斯安那大学（USDA-ARS，Louisiana State University）	1995	选育品种
328	LCP04-838	不详	不详	美国-路易斯安那/佛罗里达州（USA-Louisiana/Florida）		选育品种
329	LCP82-89	CP52-68	CP72-370	美国-路易斯安那/佛罗里达州（USA-Louisiana/Florida）	1995	选育品种
330	LCP85-384	CP77-310	CP77-407	美国-路易斯安那/佛罗里达州（USA-Louisiana/Florida）	1995	选育品种
331	LCP94-55	不详	不详	美国-路易斯安那/佛罗里达州（USA-Louisiana/Florida）	2020	选育品种

（续）

序号	名称	亲本信息		原产地*	引进年份	备注
		母本	父本			
332	LHo83-153	CP77-405	CP74-339	美国-路易斯安那/佛罗里达州（USA - Louisiana/Florida）	2009	选育品种
333	M1222-00	F72	M96-82	毛里求斯糖业研究所（MSIRI）	1995	选育品种
334	M1392-00	R579	M88-279	毛里求斯糖业研究所（MSIRI）	2009	选育品种
335	M1672-90	M75-134	R570	毛里求斯糖业研究所（MSIRI）	2009	选育品种
336	M2283-98	M634-84	M1777-88	毛里求斯糖业研究所（MSIRI）	2009	选育品种
337	M1400-86	M70-744	R570	毛里求斯糖业研究所（MSIRI）	2012	选育品种
338	M1672-90	M75-134	R570	毛里求斯糖业研究所（MSIRI）	2012	选育品种
339	M2238-89	M60-555	M2343	毛里求斯糖业研究所（MSIRI）	2012	选育品种
340	M2256-88	RP36770	M70-547	毛里求斯糖业研究所（MSIRI）	2012	选育品种
341	M3035-66	M46-202	PT4352	毛里求斯糖业研究所（MSIRI）	2012	选育品种
342	M387-85	TRIT	M62-574	毛里求斯糖业研究所（MSIRI）	2012	选育品种
343	M394-86	M70-744	R570	毛里求斯糖业研究所（MSIRI）	2012	选育品种

（续）

序号	名称	亲本信息		原产地*	引进年份	备注
		母本	父本			
344	M52－78	M62－574	Polycross	毛里求斯糖业研究所(MSIRI)	2012	选育品种
345	M574－62	不详	不详	毛里求斯糖业研究所(MSIRI)	2009	选育品种
346	M695－69	NCo376	M61－907	毛里求斯糖业研究所(MSIRI)	2012	选育品种
347	M703－89	NCo376	Polycross	毛里求斯糖业研究所(MSIRI)	2012	选育品种
348	Mandalay	不详	不详	法国-瓜德罗普岛（Guadeloupe－France）	2023	割手密
349	MEX105	不详	不详	墨西哥（Mexico）	1996	选育品种
350	MEX69－290	MEX56－476	MEX53－142	墨西哥（Mexico）	2009	选育品种
351	MEX79－431	Co421	MEX57－473	墨西哥（Mexico）	2009	选育品种
352	MLS98－464	不详	不详	马来西亚（Malaysia）	2008	选育品种
353	MPT99－447	PT52－227	Q142	泰国（Thailand）	2009	选育品种
354	MPT－1	CoC88－011	Co87－025	泰国（Thailand）	2010	选育品种
355	MPT15－7－99	不详	不详	泰国（Thailand）	2020	选育品种
356	MPT－2	CoC671	CoSi85－124	泰国（Thailand）	2010	选育品种

（续）

序号	名称	亲本信息		原产地*	引进年份	备注
		母本	父本			
357	MPT-3	PT52-227	Q142	泰国（Thailand）	2010	选育品种
358	MPT98-1782	MC707	Polycross	泰国（Thailand）	2010	选育品种
359	MPT99-1382	ROC1	Co91-107	泰国（Thailand）	2010	选育品种
360	MY55-14	CP34-79	B45181	古巴（Cuba）	2009	选育品种
361	NA02-1618	NA56-35	NA85-1390	阿根廷（Argentina）	2009	选育品种
362	NA02-2320	FAM81-445	SP80-1842	阿根廷（Argentina）	2009	选育品种
363	NA11-1954	NA86-2297	Polycross	阿根廷（Argentina）	2009	选育品种
364	NC100	不详	不详	澳大利亚（Australia）	2009	芒
365	PCAV 84-18	不详	不详	美国-佛罗里达州（USA-Florida）	2009	割手密
366	PHIL74-64	F156	CAC57-11	菲律宾糖业研究所基金会（PHILSURIN）	2007	选育品种
367	PHIL84-77	MEXICO57-473	PHIL55-220	菲律宾糖业研究所基金会（PHILSURIN）	2007	选育品种
368	PR1000	不详	不详	巴基斯坦（Pakistan）	1993	选育品种
369	PR83-1248	不详	不详	美国-波多黎各（USA-Puerto Rico）	2009	选育品种

（续）

序号	名称	亲本信息		原产地*	引进年份	备注
		母本	父本			
370	PS82-3018	不详	不详	爪哇（Java）	2009	选育品种
371	PSR01-136	V84-947	V84-928	菲律宾糖业研究所基金会（PHILSURIN）	2010	选育品种
372	PSR01-232	VMC87-599	VMC86-550	菲律宾糖业研究所基金会（PHILSURIN）	2019	选育品种
373	PSR01-46	V87-23	不详	菲律宾糖业研究所基金会（PHILSURIN）	2019	选育品种
374	PSR02-158	V89-135	P80-13	菲律宾糖业研究所基金会（PHILSURIN）	2019	选育品种
375	PSR02-247	LCP85-384	V90-239	菲律宾糖业研究所基金会（PHILSURIN）	2019	选育品种
376	PSR06-01	CP81-1258	Polycross	菲律宾糖业研究所基金会（PHILSURIN）	2019	选育品种
377	PSR06-035	VMC87-599	PHIL80-13	菲律宾糖业研究所基金会（PHILSURIN）	2019	选育品种
378	PSR06-041	VMC87-599	VMC95-09	菲律宾糖业研究所基金会（PHILSURIN）	2019	选育品种
379	PSR07-45	PSR01-105	Poly	菲律宾糖业研究所基金会（PHILSURIN）	2021	选育品种
380	PSR08-1023	PSR01-01	PSR01-89	菲律宾糖业研究所基金会（PHILSURIN）	2023	选育品种
381	PSR09-209	PS92-3092	PHIL80-13	菲律宾糖业研究所基金会（PHILSURIN）	2023	选育品种
382	Q117	不详	不详	澳大利亚甘蔗产业研究有限公司（SRA-Australia）	2009	选育品种

（续）

序号	名称	亲本信息		原产地*	引进年份	备注
		母本	父本			
383	Q121	不详	不详	澳大利亚甘蔗产业研究有限公司（SRA－Australia）	2009	选育品种
384	Q124	NCo310	54N7096	澳大利亚甘蔗产业研究有限公司（SRA－Australia）	1995	选育品种
385	Q127	QN54－7096	H49－3666	澳大利亚甘蔗产业研究有限公司（SRA－Australia）	1995	选育品种
386	Q135	不详	不详	澳大利亚甘蔗产业研究有限公司（SRA－Australia）	1995	选育品种
387	Q141	不详	不详	澳大利亚甘蔗产业研究有限公司（SRA－Australia）	1995	选育品种
388	Q151	Q96	QC66－807	澳大利亚甘蔗产业研究有限公司（SRA－Australia）	2020	选育品种
389	Q152	不详	不详	澳大利亚甘蔗产业研究有限公司（SRA－Australia）	2009	选育品种
390	Q155	QC64－386	Q121	澳大利亚甘蔗产业研究有限公司（SRA－Australia）	1995	选育品种
391	Q157	不详	不详	澳大利亚甘蔗产业研究有限公司（SRA－Australia）	2009	选育品种
392	Q165	不详	不详	澳大利亚甘蔗产业研究有限公司（SRA－Australia）	2009	选育品种
393	Q166	不详	不详	澳大利亚甘蔗产业研究有限公司（SRA－Australia）	2009	选育品种
394	Q170	不详	不详	澳大利亚甘蔗产业研究有限公司（SRA－Australia）	2009	选育品种
395	Q183	Q124	H56－752	澳大利亚甘蔗产业研究有限公司（SRA－Australia）	2009	选育品种

（续）

序号	名称	亲本信息		原产地*	引进年份	备注
		母本	父本			
396	Q188	Q113	QS63-782	澳大利亚甘蔗产业研究有限公司（SRA-Australia）	2009	选育品种
397	Q189	Q117	CP56-59	澳大利亚甘蔗产业研究有限公司（SRA-Australia）	2009	选育品种
398	Q190	不详	不详	澳大利亚甘蔗产业研究有限公司（SRA-Australia）	2008	选育品种
399	Q191	不详	不详	澳大利亚甘蔗产业研究有限公司（SRA-Australia）	2009	选育品种
400	Q192	不详	不详	澳大利亚甘蔗产业研究有限公司（SRA-Australia）	2009	选育品种
401	Q195	Q117	MEX59-1828	澳大利亚甘蔗产业研究有限公司（SRA-Australia）	2009	选育品种
402	Q197	不详	不详	澳大利亚甘蔗产业研究有限公司（SRA-Australia）	2009	选育品种
403	Q198	Q90	66N2008	澳大利亚甘蔗产业研究有限公司（SRA-Australia）	2009	选育品种
404	Q199	H49-104	Q99	澳大利亚甘蔗产业研究有限公司（SRA-Australia）	2020	选育品种
405	Q200	不详	不详	澳大利亚甘蔗产业研究有限公司（SRA-Australia）	2009	选育品种
406	Q202	QS59-55	66N2008	澳大利亚甘蔗产业研究有限公司（SRA-Australia）	2009	选育品种
407	Q203	F146	CP28-11	澳大利亚甘蔗产业研究有限公司（SRA-Australia）	2009	选育品种
408	Q205	不详	不详	澳大利亚甘蔗产业研究有限公司（SRA-Australia）	2009	选育品种

（续）

序号	名称	亲本信息		原产地*	引进年份	备注
		母本	父本			
409	Q207	不详	不详	澳大利亚甘蔗产业研究有限公司（SRA－Australia）	2009	选育品种
410	Q208	Q135	61N1232	澳大利亚甘蔗产业研究有限公司（SRA－Australia）	2009	选育品种
411	Q209	QN58－829	QN66－2008	澳大利亚甘蔗产业研究有限公司（SRA－Australia）	2009	选育品种
412	Q210	不详	不详	澳大利亚甘蔗产业研究有限公司（SRA－Australia）	2008	选育品种
413	Q226	Q138	CP57－614	澳大利亚甘蔗产业研究有限公司（SRA－Australia）	2020	选育品种
414	Q250	QN79－183	QN89－1043	澳大利亚甘蔗产业研究有限公司（SRA－Australia）	2020	选育品种
415	Q253	QN80－3425	Q209	澳大利亚甘蔗产业研究有限公司（SRA－Australia）	2020	选育品种
416	Q255	Q224	Q184	澳大利亚甘蔗产业研究有限公司（SRA－Australia）	2020	选育品种
417	Q68	不详	不详	澳大利亚甘蔗产业研究有限公司（SRA－Australia）	2009	选育品种
418	Q72	不详	不详	澳大利亚甘蔗产业研究有限公司（SRA－Australia）	2009	选育品种
419	Q75	不详	不详	澳大利亚甘蔗产业研究有限公司（SRA－Australia）	2009	选育品种
420	Q83	不详	不详	澳大利亚甘蔗产业研究有限公司（SRA－Australia）	2009	选育品种
421	Q90	Trojan	Co475	澳大利亚甘蔗产业研究有限公司（SRA－Australia）	2009	选育品种

（续）

序号	名称	亲本信息		原产地*	引进年份	备注
		母本	父本			
422	Q96	Q67	Q68	澳大利亚甘蔗产业研究有限公司（SRA－Australia）	2009	选育品种
423	R01－6144	不详	不详	法国留尼汪（Reunion-France）	2020	选育品种
424	R02－4046	不详	不详	法国留尼汪（Reunion-France）	2020	选育品种
425	R05－6028	不详	不详	法国留尼汪（Reunion－France）	2021	选育品种
426	R06－2060	不详	不详	法国留尼汪（Reunion－France）	2021	选育品种
427	R573	S17	R541	法国留尼汪（Reunion－France）	2018	选育品种
428	R575	NCo310	M61－907	法国留尼汪（Reunion－France）	2018	选育品种
429	R584	R575	H72－8597	法国留尼汪（Reunion－France）	2020	选育品种
430	R587	不详	不详	法国留尼汪（Reunion－France）	2020	选育品种
431	R96－8224	不详	不详	法国留尼汪（Reunion－France）	2020	选育品种
432	RB7515	不详	不详	巴西（Brazil）	2008	选育品种
433	RB835054	RB72－454	NA56－79	巴西（Brazil）	2009	选育品种
434	RB835089	不详	不详	巴西（Brazil）	2009	选育品种

（续）

序号	名称	亲本信息		原产地*	引进年份	备注
		母本	父本			
435	RB855156	不详	不详	巴西（Brazil）	2009	选育品种
436	RB925268	不详	不详	巴西（Brazil）	2008	选育品种
437	RB925345	H59－1966	Polycross	巴西（Brazil）	2008	选育品种
438	RB92579	RB75126	RB72199	巴西（Brazil）	2008	选育品种
439	RB935744	不详	不详	巴西（Brazil）	2008	选育品种
440	ROC16	台糖171	74－575	中国台湾（Taiwan－China）	1994	选育品种
441	ROC20	69－463	68－2599	中国台湾（Taiwan－China）	1995	选育品种
442	ROC22	ROC5	69－463	中国台湾（Taiwan－China）	1998	选育品种
443	ROC23	F166	74－575	中国台湾（Taiwan－China）	1998	选育品种
444	ROC24	79－912	CP58－48	中国台湾（Taiwan－China）	1998	选育品种
445	ROC25	79－6048	69－463	中国台湾（Taiwan－China）	1999	选育品种
446	ROC27	F176	CP58－48	中国台湾（Taiwan－China）	2001	选育品种
447	SCL8920	不详	不详	斯里兰卡（Srilanka）	2021	斑茅

（续）

序号	名称	亲本信息		原产地*	引进年份	备注
		母本	父本			
448	SE78	不详	不详	澳大利亚（Australia）	2021	肉质花穗野生种
449	SES300	不详	不详	澳大利亚（Australia）	2021	斑茅
450	SES205A	不详	不详	美国农业部（USDA）	2021	割手密
451	SP70-1149	不详	不详	巴西（Brazil）	2002	选育品种
452	SP80-1842	SP71-1088	H57-5028	巴西（Brazil）	2010	选育品种
453	SP80-3280	SP71-1088	H57-5028	巴西（Brazil）	2002	选育品种
454	SP81-3250	CP70-1547	SP71-1279	巴西（Brazil）	2009	选育品种
455	SPSG26	不详	不详	巴基斯坦（Pakistan）	1993	选育品种
456	SRA2	Q224	Q184	澳大利亚甘蔗产业研究有限公司（SRA-Australia）	2021	选育品种
457	UFCP 82-1655	*S. spontaneum*	CC	美国农业部/佛罗里达州大学（University Florida/USDA）	2021	品系
458	UT6	87-2-973	83-2-888	泰国（Thailand）	2010	选育品种
459	VMC71-39	PHIL58-260	F156	菲律宾糖业研究所基金会（PHILSURIN）	2009	选育品种

（续）

序号	名称	亲本信息		原产地*	引进年份	备注
		母本	父本			
460	VMC76-16	H28-1813	Polycross	菲律宾糖业研究所基金会(PHILSURIN)	2009	选育品种
461	VMC81-202	CAC 58-360	PHIL66-07	菲律宾糖业研究所基金会(PHILSURIN)	2009	选育品种
462	VMC84-524	VMC68-368	PHIL56-226	菲律宾糖业研究所基金会(PHILSURIN)	2010	选育品种
463	VMC84-947	POJ2725	Polycross	菲律宾糖业研究所基金会(PHILSURIN)	2010	选育品种
464	VMC86-550	PHIL56-226	Polycross	菲律宾糖业研究所基金会(PHILSURIN)	2009	选育品种
465	VMC87-599	VMC 76-505	PHIl55-220	菲律宾糖业研究所基金会(PHILSURIN)	2010	选育品种
466	VMC88-354	PHIL63-11	Polycross	菲律宾糖业研究所基金会(PHILSURIN)	2010	选育品种
467	VMC90-239	57NG 67GREEN	Polycross	菲律宾糖业研究所基金会(PHILSURIN)	2009	选育品种
468	VMC95-09	Q90	Polycross	菲律宾糖业研究所基金会(PHILSURIN)	2010	选育品种
469	VMC95-37	M555-60	Polycross	菲律宾糖业研究所基金会(PHILSURIN)	2009	选育品种
470	VMC95-88	F108	Polycross	菲律宾糖业研究所基金会(PHILSURIN)	2009	选育品种
471	VMC96-169	VMC67-273	Polycross	菲律宾糖业研究所基金会(PHILSURIN)	2009	选育品种
472	VMC96-60	VMC76-105	Polycross	菲律宾糖业研究所基金会(PHILSURIN)	2009	选育品种

（续）

序号	名称	亲本信息		原产地*	引进年份	备注
		母本	父本			
473	VMC96-84	VMC77-354	VMC71-238	菲律宾糖业研究所基金会（PHILSURIN）	2009	选育品种
474	VMC97-30	Co68-06	Polycross	菲律宾糖业研究所基金会（PHILSURIN）	2009	选育品种
475	VMC97-41	Co951	CP34-78	菲律宾糖业研究所基金会（PHILSURIN）	2010	选育品种
476	VN08-05	K88-65	GT21	越南（Vietnam）	2015	选育品种
477	VN08-207	GT21	K95-156	越南（Vietnam）	2015	选育品种
478	VN08-235	GT21	K95-156	越南（Vietnam）	2015	选育品种
479	VN08-260	GT21	K95-156	越南（Vietnam）	2015	选育品种
480	VN08-74	K88-65	GT21	越南（Vietnam）	2015	选育品种
481	VN08-82	Uthong3	GT21	越南（Vietnam）	2015	选育品种
482	VN09-187	K88-200	ROC26	越南（Vietnam）	2015	选育品种
483	VN09-213	KU60-2	ROC26	越南（Vietnam）	2015	选育品种
484	VN09-284	Rb72-454	K95-156	越南（Vietnam）	2015	选育品种
485	VN09-377	ROC26	K90-77	越南（Vietnam）	2015	选育品种

（续）

序号	名称	亲本信息		原产地*	引进年份	备注
		母本	父本			
486	VN09－391	K95－84	ROC27	越南（Vietnam）	2015	选育品种
487	VN09－450	K88－65	Rb72－454	越南（Vietnam）	2015	选育品种
488	VN66－03	F146	F149	越南（Vietnam）	2015	选育品种
489	VN66－06	F146	CP5028	越南（Vietnam）	2015	选育品种
490	VN66－16	N54553	N52119	越南（Vietnam）	2015	选育品种
491	VN84－1745	F165	Gie LS，My54129，VN66－28，F164	越南（Vietnam）	2015	选育品种
492	VN84－4137	Ja60－5	CP52－43，My5514，F164，…	越南（Vietnam）	2015	选育品种
493	VN99－291	Co475	VNT2	越南（Vietnam）	2015	选育品种
494	VN99－317	Co475	VNT2	越南（Vietnam）	2015	选育品种
495	VN99－838	VN85－1859	ROC10	越南（Vietnam）	2015	选育品种
496	海大28号	GT98－119	YC06－63	广东湛江（Zhanjiang，Guangdong）	2008	选育品种
497	湖光1号	不详	不详	广东湛江（Zhanjiang，Guangdong）	2008	选育品种

（续）

序号	名称	亲本信息		原产地*	引进年份	备注
		母本	父本			
498	老挝1号	不详	不详	老挝（Laos）	2009	选育品种
499	农林0号	不详	不详	日本（Japan）	2010	选育品种
500	农林1号	不详	不详	日本（Japan）	2010	选育品种
501	农林22号	不详	不详	日本（Japan）	2010	选育品种
502	农林23号	不详	不详	日本（Japan）	2010	选育品种
503	农林24号	不详	不详	日本（Japan）	2010	选育品种
504	农林8号	CP57-614	F160	日本（Japan）	2010	选育品种
505	斯里兰卡1号	不详	不详	斯里兰卡（Sri Lanka）	2009	选育品种
506	斯里兰卡2号	不详	不详	斯里兰卡（Sri Lanka）	2009	选育品种
507	台糖88-99	不详	不详	中国台湾（Taiwan-China）	2008	选育品种
508	台糖94-64	不详	不详	中国台湾（Taiwan-China）	1994	选育品种
509	台糖98-0432	不详	不详	中国台湾（Taiwan-China）	2007	选育品种
510	台糖98-1606	不详	不详	中国台湾（Taiwan-China）	2007	选育品种

（续）

序号	名称	亲本信息		原产地*	引进年份	备注
		母本	父本			
511	台糖 98-2817	不详	不详	中国台湾（Taiwan-China）	2007	选育品种
512	台引 10 号	不详	不详	中国台湾（Taiwan-China）	2009	选育品种
513	台引 11 号	不详	不详	中国台湾（Taiwan-China）	2009	选育品种
514	台引 12 号	不详	不详	中国台湾（Taiwan-China）	2009	选育品种
515	台引 13 号	不详	不详	中国台湾（Taiwan-China）	2009	选育品种
516	台引 14 号	不详	不详	中国台湾（Taiwan-China）	2009	选育品种
517	台引 15 号	不详	不详	中国台湾（Taiwan-China）	2009	选育品种
518	台引 16 号	不详	不详	中国台湾（Taiwan-China）	2009	选育品种
519	台引 17 号	不详	不详	中国台湾（Taiwan-China）	2009	选育品种
520	台引 2 号	不详	不详	中国台湾（Taiwan-China）	2007	选育品种
521	台引 5 号	不详	不详	中国台湾（Taiwan-China）	2008	选育品种
522	台引 6 号	不详	不详	中国台湾（Taiwan-China）	2009	选育品种
523	台引 7 号	不详	不详	中国台湾（Taiwan-China）	2009	选育品种

（续）

序号	名称	亲本信息		原产地*	引进年份	备注
		母本	父本			
524	台引 8 号	不详	不详	中国台湾（Taiwan - China）	2009	选育品种
525	台引 9 号	不详	不详	中国台湾（Taiwan - China）	2009	选育品种
526	印 2000/1	不详	不详	印度（India）	2000	选育品种
527	印 2000/2	不详	不详	印度（India）	2000	选育品种
528	印 2000/3	不详	不详	印度（India）	2000	选育品种
529	印度尼西亚大茎野生种	不详	不详	印度尼西亚（Indonesia）	2008	野生种
530	园林 17 号	不详	不详	中国台湾（Taiwan - China）	2008	选育品种
531	园林 18 号	不详	不详	中国台湾（Taiwan - China）	2008	选育品种
532	园林 6 号	不详	不详	中国台湾（Taiwan - China）	2007	选育品种
533	园林 7 号	不详	不详	中国台湾（Taiwan - China）	2007	选育品种
534	园林 8 号	不详	不详	中国台湾（Taiwan-China）	2007	选育品种
535	园林 9 号	不详	不详	广东（Guangdong）	2007	选育品种

（续）

序号	名称	亲本信息		原产地*	引进年份	备注
		母本	父本			
536	粤糖00-236	YN73-204	CP72-1210	广东（Guangdong）	2011	选育品种
537	粤糖60号	YT92-1287	YT93-159	广东（Guangdong）	2012	选育品种
538	粤糖93-159	YN73-204	CP72-1210	广东（Guangdong）	2000	选育品种
539	云蔗03-103	YN91-976	CP85-1432	云南省农业科学院甘蔗研究所（Sugarcane Research Institute，Yunnan Academy of Agricultural Sciences）	2008	遗传材料
540	云蔗03-258	ROC25	YT85-177	云南省农业科学院甘蔗研究所（Sugarcane Research Institute，Yunnan Academy of Agricultural Sciences）	2008	遗传材料
541	云瑞03-403	云割99-546	ROC10	云南省农业科学院甘蔗研究所（Sugarcane Research Institute，Yunnan Academy of Agricultural Sciences）	2008	遗传材料
542	云蔗03-422	YC84-153	ROC10	云南省农业科学院甘蔗研究所（Sugarcane Research Institute，Yunnan Academy of Agricultural Sciences）	2008	遗传材料
543	云瑞03-74	云瑞99-284	云瑞97-105	云南省农业科学院甘蔗研究所（Sugarcane Research Institute，Yunnan Academy of Agricultural Sciences）	2008	遗传材料

（续）

序号	名称	亲本信息		原产地*	引进年份	备注
		母本	父本			
544	云蔗 99-601	ROC10	云割 F395-113	云南省农业科学院甘蔗研究所（Sugarcane Research Institute，Yunnan Academy of Agricultural Sciences）	2008	遗传材料

注：不详：亲本信息无从查证；
WICSCBS：West Indies Central Sugar Cane Breeding Station；
CIRAD：French Agricultural Research Center for International Development；
MSIRI：Mauritius Sugar Industry Research Institute；
SRA：Sugar Research Australia；
USDA：United States Department of Agriculture；
Polycross＝all males were commercial clones；
PolyHQ＝all males were very high sucrose quality。

三、广西引进甘蔗种质利用情况

广西壮族自治区农业科学院甘蔗研究所从引种中筛选出一大批如 CP65-357、CP74-2005、日本农林 8 号、巴基斯坦 1 号和我国台湾的台糖 172、台糖 160、ROC1、ROC10、ROC11、ROC16、ROC20、ROC22 等品种，通过检疫合格出圃后直接用于生产示范推广（因甘蔗霜霉病等未在广西蔗区发生，属于检疫性病害，因此引进我国台湾品种需要进行隔离检疫合格后才能出圃）。此外，从其他省份引入的福农79-32、福蔗 87-2、福蔗 87-10、福蔗 87-15、闽糖 82-335、闽糖 82-235、粤糖 79-177、粤糖 81-3254、粤糖 82-271、粤糖 93-159、粤糖 94-128、粤糖 00-236、粤糖 60 等品种也在广西各蔗区因地制宜试验繁殖推广。其中从台湾引进的 ROC22 曾占广西 70%的甘蔗种植面积，至今 ROC22 在我国仍有不少种植面积。目前广西主栽品种中，桂糖 42 号和桂柳 05-136 均是 ROC22 的后代，其中桂糖 42 号由 ROC22×桂糖 92-66

杂交选育而成，桂柳 05－136 由 CP81－1254×ROC22 杂交选育而成，ROC22 在广西蔗糖产业 20 余年的发展中起到了非常重要的作用。

从不同区域、不同气候引进甘蔗种质资源，既可拓宽甘蔗亲本遗传基础，增强甘蔗遗传多样性，为甘蔗常规育种提供丰富的基因型和遗传材料，又可在甘蔗生产上直接利用，优化品种结构，促进甘蔗产业健康可持续发展。自 20 世纪 80 年代以来，广西引进大量甘蔗种质资源，并在品种筛选、应用和杂交育种上做了大量工作，取得一定成绩。

（一）引进甘蔗种质资源的直接利用

引进的甘蔗种质资源首先需进行检疫，隔离种植 2 个生长周期后，无检疫性病虫害方可出圃。然后根据区域试验要求进行适应性观察和筛选，部分表现突出的材料可经过品种审定后直接应用于生产；对于某些农艺性状突出的种质资源，可作为亲本在甘蔗常规育种中杂交利用。从 1982 年至今，广西引进甘蔗种质资源经过一系列试验，筛选出了台糖 172、台糖 160、ROC1、ROC2、ROC10、ROC16、ROC22、CP65－357、CP74－2005 和桂引 9 号等 10 个品种，并在我国甘蔗生产上推广应用（表 1－3），其中 ROC16 和 ROC22 成为了我国的主栽品种，特别是 ROC22，其综合农艺性状、产量和糖分等表现优异，在我国蔗区种植长达 20 多年，单年种植面积最大时占全国甘蔗种植面积的 80%以上，目前仍占 20%左右。此外，除了上述在生产上推广应用的 10 个品种外，还有 8 份引进材料进入广西或国家区域试验（表 1－4）。

表 1－3　在生产上推广应用的引进甘蔗种质

序号	引进种质名称	来源地区	引进年份
1	台糖 172	中国台湾	1987
2	台糖 160	中国台湾	1990
3	ROC1	中国台湾	1990

（续）

序号	引进种质名称	来源地区	引进年份
4	ROC2	中国台湾	1990
5	ROC10	中国台湾	1990
6	ROC16	中国台湾	1994
7	ROC22	中国台湾	1998
8	CP65-357	美国	1994
9	CP74-2005	美国	1994
10	桂引9号	墨西哥	1996

表1-4　进入区域试验的引进甘蔗种质

序号	引进种质名称	来源地区	引进年份
1	桂选B9	巴西	1999
2	桂斐1号	斐济	2013
3	SP80-3280	巴西	2010
4	桂引C1-2003	巴西	2003
5	桂引5号	巴西	1998
6	西大引11号	中国台湾	不详
7	园林17号	中国台湾	2005
8	巴西45号	巴西	不详

（二）引进甘蔗种质资源在常规育种上的利用

1. 引进甘蔗种质资源的杂交利用情况 2008 年，广西壮族自治区农业科学院甘蔗研究所在海南三亚建立了甘蔗杂交育种基地，利用引进甘蔗种质资源开始自行配置甘蔗组合。如表 1－5 所示，2009—2020 年共配置组合 2 771 个，其中，仅母本引进的组合有 1 078个，仅父本引进的组合有 1 455 个，父母本均引进的种质资源组合有 238 个；2016 年开始进入区域试验的甘蔗品系有 31 个，其中，仅母本引进的品系有 9 个，仅父本引进的品系有 18 个，父母本均引进的品系有 4 个，这些甘蔗品系均有可能成为未来的新品种，丰富广西乃至全国甘蔗品种布局。

表 1－5 引进甘蔗种质资源杂交利用情况

亲本来源	杂交组合数	杂交后代进入区域试验数
仅母本引进	1 078	9
仅父本引进	1 455	18
父母本均引进	238	4
合计	2 771	31

2. 利用引进甘蔗种质资源育成的甘蔗品种 广西壮族自治区农业科学院甘蔗研究所杂交育成的桂糖系列甘蔗品种，从桂糖 1 号至桂糖 60 号共 60 个，其中有 42 个含有我国台湾地区和国外引进种质资源血缘，这些引进的亲本主要来自美国、印度和中国台湾等地区。其中，以美国 CP 系列甘蔗种质资源作为亲本的有 21 个，占所有育成品种的 35.0％；以中国台湾 F 系列和 ROC 系列作为亲本的有 28 个，占所有育成品种的 46.67％；以印度 Co 系列作为亲本的有 4 个，占所有育成品种的 6.7％（表 1－6）。

表 1-6 利用引进甘蔗种质资源育成的桂糖系列甘蔗品种

序号	品种名	原品系名称	审定年份	母本/来源地区	父本/来源地区	序号	品种名	原品系名称	审定年份	母本/来源地区	父本/来源地区
1	桂糖 1 号（GT1）	桂糖 57-624	1993	CP49-50/美国	F134/中国台湾	9	桂糖 18 号（GT18）	桂糖 90-95	2003	CP65-357/美国	F172/中国台湾
2	桂糖 2 号（GT2）	桂糖 60-289	不详	F134/中国台湾	CP49-50/美国	10	桂糖 19 号（GT19）	桂糖 91-116	2003	ROC1/中国台湾	崖城 85-55
3	桂糖 3 号（GT3）	桂糖 60-149	不详	Co290/印度	CP49-50/美国	11	桂糖 23 号（GT23）	桂糖 93-103	2005	ROC1/中国台湾	崖城 71-374
4	桂糖 4 号（GT4）	桂糖 64-104	不详	CP49-50/美国	F134/中国台湾	12	桂糖 25 号（GT25）	桂糖 96-44	2005	CP72-1210/美国	崖城 71-374
5	桂糖 5 号（GT5）	桂糖 64-73	不详	Co290/印度	CP49-50/美国	13	桂糖 28 号（GT28）	桂糖 00-122	2008	Co80-1018/印度	CP89-1475/美国
6	桂糖 6 号（GT6）	桂糖 65-63	不详	CP49-50/美国	F134/中国台湾	14	桂糖 29 号（GT29）	桂糖 02-761	2010	崖城 94-46	ROC22/中国台湾
7	桂糖 7 号（GT7）	桂糖 69-360	1993	华南 56-12	CP49-50/美国	15	桂糖 30 号（GT30）	桂糖 02-237	2010	粤糖 91-976	ROC1/中国台湾
8	桂糖 11 号（GT11）	桂糖 73-167	1990	CP49-50/美国	Co419/印度	16	桂糖 31 号（GT31）	桂糖 02-281	2011	粤糖 85-177	CP81-1254/美国

（续）

序号	品种名	原品系名称	审定年份	母本/来源地区	父本/来源地区	序号	品种名	原品系名称	审定年份	母本/来源地区	父本/来源地区
17	桂糖 32 号（GT32）	桂糖 02-208	2011	粤糖 91-976	ROC1/中国台湾	25	桂糖 40 号（GT40）	桂糖 02-1156	2013	粤糖 85-177	CP84-1198/美国
18	桂糖 33 号（GT33）	桂糖 02-1156	2011	桂糖 69-156	ROC22/中国台湾	26	桂糖 41 号（GT41）	桂糖 03-2309	2013	粤糖 91-976	粤糖 84-3；ROC25/中国台湾
19	桂糖 34 号（GT34）	桂糖 02-833	2011	粤糖 91-976	ROC1/中国台湾	27	桂糖 42 号（GT42）	桂糖 04-1001	2013	ROC22/中国台湾	桂糖 92-66
20	桂糖 35 号（GT35）	桂糖 02-901	2011	ROC23/中国台湾	CP84-1198/美国	28	桂糖 44 号（GT44）	桂糖 04-1545	2014	ROC1/中国台湾	桂糖 92-66
21	桂糖 36 号（GT36）	桂糖 03-1403	2011	ROC23/中国台湾	CP84-1198/美国	29	桂糖 45 号（GT45）	桂糖 05-1141	2014	粤糖 93-159	ROC25/中国台湾
22	桂糖 37 号（GT37）	桂糖 03-2357	2011	湛蔗 92-126	CP72-2086/美国	30	桂糖 46 号（GT46）	桂糖 06-244	2015	粤糖 85-177	ROC25/中国台湾
23	桂糖 38 号（GT38）	桂糖 04-112	2012	桂糖 73-167	CP84-1198/美国	31	桂糖 47 号（GT47）	桂糖 06-1721	2015	粤糖 85-177	CP81-1254/美国
24	桂糖 39 号（GT39）	桂糖 04-153	2012	粤糖 93-159	ROC22/中国台湾	32	桂糖 48 号（GT48）	桂糖 06-3283	2015	湛蔗 92-126	CP72-1210/美国

（续）

序号	品种名	原品系名称	审定年份	母本/来源地区	父本/来源地区	序号	品种名	原品系名称	审定年份	母本/来源地区	父本/来源地区
33	桂糖 49 号（GT49）	桂糖 07-994	2015	赣蔗 76-65	ROC22/中国台湾	38	桂糖 56 号（GT56）	桂糖 08-460	2020	湛蔗 89-113	ROC26/中国台湾
34	桂糖 50 号（GT50）	桂糖 03-3089	2016	桂糖 92-66	ROC10/中国台湾	39	桂糖 57 号（GT57）	桂糖 08-1180	2020	ROC26/中国台湾	ROC22/中国台湾
35	桂糖 51 号（GT51）	桂糖 06-1023	2016	ROC20/中国台湾	崖城 71-374	40	桂糖 58 号（GT58）	桂糖 08-1589	2020	粤糖 85-177	CP81-1254/美国
36	桂糖 53 号（GT53）	桂糖 06-98	2020	湛蔗 92-126	CP84-1198/美国	41	桂糖 59 号（GT59）	桂糖 10-699	2022	粤糖 00-236	ROC22/中国台湾
37	桂糖 55 号（GT55）	桂糖 08-120	2020	ROC24/中国台湾	云蔗 89-351	42	桂糖 60 号（GT60）	桂糖 10-2003	2022	ROC11/中国台湾	粤糖 99-66

注：本表父母本来源地区仅列出美国、印度和中国台湾，其余来源地区不作特殊注明。

3. 引进甘蔗亲本杂交后代选育的品系 2006—2014年，广西甘蔗杂交育种亲本中，有18个引进甘蔗种质资源作为杂交亲本，其后代中共有43个甘蔗新品系进入了广西区域试验，这18个亲本的来源地区为美国和中国台湾。其中台湾品种ROC22的杂交后代进入广西区域试验的数量最多，有20个（表1-7）。

表1-7 进入广西区域试验的利用引进甘蔗亲本杂交后代选育的品系

序号	引进品种	来源地区	引进年份	进入广西区域试验的杂交后代
1	CP72-1210	美国	1986	桂糖06-1264、桂糖08-591
2	CP72-2086	美国	1988	桂糖07-874
3	台94-10	中国台湾	1989	桂糖12-2130
4	CP81-1254	美国	1992	桂糖08-1589
5	ROC1	中国台湾	1994	桂糖11-2011
6	ROC10	中国台湾	1994	桂糖11-2320
7	ROC11	中国台湾	1994	桂糖10-2003
8	CP80-1827	美国	1998	桂糖11-2211
9	CP81-1254	美国	1998	桂糖08-259、柳糖10-17
10	ROC22	中国台湾	1998	桂糖10-699、桂糖08-259、桂糖09-3990、桂糖10-434、桂糖10-517、桂糖10-3006、桂糖11-80、桂糖08-56、桂糖08-568、桂糖09-439、桂糖11-2320、桂糖10-417、桂糖11-1042、桂糖11-2119、河糖11-157、桂糖10-612、桂糖12-96、桂糖14-198、桂糖11-57、桂糖11-42
11	ROC23	中国台湾	1998	桂糖08-1375
12	ROC25	中国台湾	1999	桂糖09-563、桂糖11-2142、桂糖08-1174、桂糖08-2245、桂糖12-1764
13	ROC26	中国台湾	1999	桂糖10-2018

（续）

序号	引进品种	来源地区	引进年份	进入区域试验的杂交后代
14	HoCP93 - 750	美国	2002	桂糖 08 - 272
15	CP92 - 1641	美国	2003	桂糖 09 - 563
16	CP93 - 1382	美国	2004	桂南亚 14 - 2806
17	CP93 - 1634	美国	2004	桂糖 08 - 1686
18	CP84 - 1198	美国	2001	桂糖 09 - 2005

(三) 育成后代品种的应用情况

利用引进的优异甘蔗种质资源作为亲本育成的后代中，表现优异的主要有桂糖 11 号、桂糖 29 号、桂糖 32 号、桂糖 42 号和桂糖 55 号等品种，其中桂糖 11 号和桂糖 42 号的推广应用面积最大。桂糖 11 号（桂糖 73 - 167），亲本组合为 CP 49 - 50×Co419，1998 年占广西甘蔗种植总面积的 63.53%，成功取代了原主栽品种台糖 134，20 世纪 90 年代成为我国主栽品种，累计推广面积超 340 万 hm^2。桂糖 42 号，亲本组合为 ROC22×桂糖 92 - 66，种植应用面积再创新高，2023/2024 年榨季种植面积 31.47 万 hm^2，占全国糖料蔗种植总面积的 31.45%，目前已经成为广西种植面积最大的主栽品种。

第二章 甘蔗引种隔离种植检疫

一、甘蔗引种原则

从外国或其他地区引进甘蔗，早已成为许多国家和地区开发甘蔗种质资源以改良甘蔗品种的一项重要基础工作。可通过试种、筛选、鉴定，从引入甘蔗种质中选择优良品种，亦可引进高糖、高产或者高抗等新性状、新基因，供育种杂交利用。甘蔗引种必须根据当地的自然条件特点、生产水平及当前生产上种植品种存在的问题，有针对性地进行引种。甘蔗引种的一般原则是原产地和引入地之间应具有生态条件或气候条件的某种相似性。生存于同一环境条件下的植物群体常具有某些共同的基本属性，因而当引入地与原产地自然条件，如纬度、海拔、日照、气温、雨量分布等相似时，一般生育期和经济性状变化不大，引种较容易获得成功。如广东、台湾和广西的生态条件差异不大，相互引种，一般都易成功，广西引进的粤糖 60、粤糖 93－159、ROC22 等品种，在广西均有较好的表现；广西引进云南品种，属于将高纬度地区的品种引入低纬度地区，引入的品种表现为细茎、低产等。当然，在甘蔗引种中，也有从地理距离较远、生态条件差异较大地区引种成功的，因为品种间的适应性及适应范围不同，一般含野生种血缘较多的品种适应性较强，如原产于印度尼西亚东爪哇省的 POJ2878 曾推广到全世界大部分植蔗国家。对适当的甘蔗品种材料可根据需要引入，每一种甘蔗材料，国际上一般引进甘蔗种茎 6～10 芽/品种，种子不超过 10g。

甘蔗引种应遵循以下几个原则。

1. 选择正式品种　品种审定是在多年多点科学试验结果上评定的，只有通过审定的品种，才能推广应用；没有正式审定的品种，不可乱引和随意大面积种植。

2. 先试验后推广　优良品种的引、鉴、繁、推，一定要多点试验，试验目的在于看该品种是否适合当地的气候条件、生产特点、栽培模式，以及该品种的抗逆性、丰产性、优质性等。引种时应注意每一个优良品种都有它的适应性，良种只有种植在自然环境和栽培条件均符合其特性要求的地区，才能发挥出优良品种的优良特性。

3. 加强种子检疫　引种时要防止带进新的病、虫、草，必须按植保检疫程序办理。如果在疫区引种，一定要遵守检疫制度，防止属于检疫对象的病害、虫害和杂草在本地蔓延。凡调出调入的种子，包括“南繁”回来的种子，都要经过植物检疫员进行检疫，签发证书后方可发运。

4. 选择不同品种　根据土壤性质、机械化程度等特点选用品种，合理使用不同生态类型的品种。把喜肥水的品种种在土壤肥沃或施肥水多的地块，岗地选择抗旱品种，洼地则选择耐涝品种。

5. 良种良法　良种虽然具有产量高、品质好等优良种性，但是在实际生产中，有时也会发现品种的优良性能达不到理想指标。主要原因是耕作栽培时没有满足良种生长发育的要求。因此，不但要注意引种和推广优良品种，而且也要注意科学栽培，做到良种和良法一起抓，才能实现农业的增产增效。

二、甘蔗引种检疫

（一）甘蔗引种检疫的重要性

病虫害是影响甘蔗生产的重要因素，目前世界上已发现的甘蔗病害 120 多种、甘蔗害虫 1 300 多种、蔗田杂草 600 多种；在我国，已发现 60 多种病害、400 多种虫害。不同国家、不同地区甘蔗病虫害种类不同，病菌生理小种、病毒株系也不相同。而许多重要的甘蔗病虫害都是通过种苗传播的，如真菌病害中的黑穗病、霜霉病等，细菌病害中的流胶病、白条病等，以及几乎所有的病毒病（如斐济病、黄叶病、花叶病等），还有甘蔗粉蚧、多种蔗螟等害虫都是通过种苗传播的。

在国内外引种历史上，由于未注意检疫工作，都曾发生过惨痛的教训。美国夏威夷引种时，由于未经检疫，把浮尘子随同良种引进夏威夷，此虫迅速繁殖并造成灾害，田间产量损失严重；后来从太平洋的 Tahiti 岛引进 Cahaina 品种时又带进一种根腐病，使蔗糖产量再度降低，因此，夏威夷不得不从 1905 年起停止引种，直到 1925 年建立起检疫制度后，才取消禁令。1904 年，我国台湾在种植从澳大利亚引进的品种时首次观察到霜霉病，此后该病在台湾一直时有发生，不时造成一定危害。随着蔗糖业的发展，我国大陆蔗区频繁从国外引种，以及蔗区间的调运蔗种，在加快我国甘蔗品种改良进程的同时，由于未对甘蔗病虫害加以足够重视，种苗带病虫问题十分突出，使得一些危险性病虫害（如蔗螟、花叶病、黑穗病等）随种苗在蔗区间相互传播蔓延，发生更加普遍，危害更加严重，极大影响甘蔗产量、品质和宿根年限。甘蔗黑穗病是我国南方旱地蔗区发生较普遍的严重病害之一，湖南省大通湖农场原来没有甘蔗黑穗病，因 1970 年从广东引进台糖 134 品种而使得该病传入，随后甘蔗黑穗病逐年在蔗区蔓延，给该农场蔗糖生产带来一定影响。

（二）甘蔗引种检疫的发展史

甘蔗引种检疫指对由国外或外地引进的甘蔗种植材料如甘蔗种茎和种子，以及甘蔗同属的野生种质资源等，通过物理、化学等方法，对规定的危险性病虫杂草进行检测、处理和试种疫情监测的过程。为了防止危险性检疫对象随甘蔗品种在对外交流中相互传播，防止并扑灭危险性检疫对象的蔓延和扩展，引进的甘蔗种植材料需经过隔离检疫。世界上主要植蔗国家都有政府指定的甘蔗引种检疫机构，在规定检疫期内接受引进种质的检疫工作，而且能够根据引种检疫的实际要求建立起相应的检疫设施。现在世界各主要蔗糖生产国家和地区都设有甘蔗检疫站。目前，国际检疫要求最严格、规范和设施设备先进、完备的国家是美国、澳大利亚、南非、法国等；位于美国马里兰州的贝次维尔检疫中心和法国热带农业研究所（位于曼特皮里）甘蔗检疫站在阻止危险性病害如斐济病、霜霉病、流胶病等的传播发挥过重要作用。美国贝次维尔检疫中心试验所用的温室面积大且规范，除了常规温室群外，还有一幢全封闭温室，专门用于一级检疫，具有控温、控湿装置等，设有系列模拟露天温室 11 间，可调温范围 10～36℃，为防止温室里的病菌外传，每个温室工作间是负压的，空气要经过 3 层过滤装置，用过的水集中消毒，各项设施确保了引种检疫的严格要求。印度、巴巴多斯等国家，其检疫设施位于商业蔗区，在一定程度上是极危险的，对于全面防御病原菌的传播是很难的。

我国台湾于 1914 年在台中设立甘蔗检疫机构，1920 年迁往基隆附近的汐止，二战期间曾停顿，1952 年又恢复。台湾检疫也曾有效防止了斐济病的传入。我国植物检疫有关部门，于 1935 年为防止传入棉铃虫、象鼻虫，根据商检法制定并公布了《植物病虫害检疫实行细则》；1954 年 2 月，原外贸部公布了《输出输入植物检疫暂行办法》；1957 年 12 月 4 日，农业部发布了《国内植物检疫试行办法》；1982 年 6 月，国务院颁布了《中华人民共和国进出口动植物检疫条例》以及 1983 年 1 月发布《植物检疫条例》。但是，这些检疫法规文献中所列举的对内对外植检对象尚未包括甘蔗对象。1981 年，农牧渔业部委托福建农学院建立甘蔗引种检疫站，广东省科学技术委员会也在轻工部甘蔗科学研究所设立甘蔗检疫隔离设施，这标志着我国甘蔗检疫工作的开始。福建甘蔗引种检疫中心根据国内外甘蔗病虫草害发生情况和传播可能性，初步拟定了“甘蔗对外引种检疫对象参考名单”，以及“甘蔗引种检疫程序”。福建农学院甘蔗引种检疫站位于福建省福州市南台岛的西北部，周围不是甘蔗生产区，在地理位置上是甘蔗检疫的天然隔离区，其检疫设施包括2个部分：检疫实验室和检疫隔离温室（包括一幢全封闭的一级检疫温室和一座面积约300m^{2}的常规温室）。在实践中该设施有效杜绝了危险性病害的传入，消除了引种的潜在危险。

在1992年广西壮族自治区计划委员会资金和2004年“九五”第二批国家糖料基地建设项目的支持下，共投资50万元，在广西壮族自治区农业科学院甘蔗研究所建立甘蔗引种检疫隔离室，位于南宁。目前，检疫室总面积1 200m^2；检疫隔离用房600m^2，其中包括工作室270m^2、处理间100m^2、空气交换及降温机房30m^2、玻璃隔离室10间共200m^2，还有隔离苗圃600m^2。广西甘蔗引种检疫隔离室曾从引进的甘蔗中检测出甘蔗斐济病、白条病、白叶病等重要检疫性病害。

2002年，云南省农业科学院甘蔗研究所投资35万元，在昆明建成符合国际检疫标准的甘蔗检疫温室336m^2，其中处理间80m^2、温室256m^2，处理间设有紫外灯、烧毁坑、浸种冷水、温水池（50～52℃恒温）等设施。通过国际合作，以昆明甘蔗检疫温室为载体，从澳大利亚和法国引进了甘蔗主要病害检测技术以及所需的各种PCR引物和标准抗原、抗体等。

如果忽视了检疫工作，在引种时把大陆蔗区尚未发生的病虫害也同时引入，以致泛滥成灾，后果是不堪设想的。甘蔗斐济病、流胶病，霜霉病在大陆蔗区未发生，但广西壮族自治区农业科学院甘蔗研究所近年从国外引种中也检疫出上述的病害，这是很危险的。

根据《中华人民共和国进出境动植物检疫法》最新修订版本（2009年修正）规定，第十条“输入动物、动物产品、植物种子、种苗及其他繁殖材料的，必须事先提出申请，办理检疫审批手续”。第十二条“货主或者其代理人应当在动植物、动植物产品和其他检疫物进境前或者进境时持输出国家或者地区的检疫证书、贸易合同等单证，向进境口岸动植物检疫机关报检。”第十四条“输入动植物、动植物产品和其他检疫物，应当在进境口岸实施检疫。未经口岸动植物检疫机关同意，不得卸离运输工具。输入动植物，需隔离检疫的，在口岸动植物检疫机关指定的隔离场所检疫。因口岸条件限制等原因，可以由国家动植物检疫机关决定将动植物、动植物产品和其他检疫物运往指定地点检疫。在运输、装卸过程中，货主或者其代理人应当采取防疫措施。指定的存放、加工和隔离饲养或者隔离种植的场所，应当符合动植物检疫和防疫的规定。”第十五条“输入动植物、动植物产品和其他检疫物，经检疫合格的，准予进境；海关凭口岸动植物检疫机关签发的检疫单证或者在报关单上加盖的印章验放。输入动植物、动植物产品和其他检疫物，需调离海关监管区检疫的，海关凭口岸动植物检疫机关签发的《检疫调离通知单》验放。”第十七条“输入植物、植物产品和其他检疫物，经检疫发现有植物危险性病、虫、杂草的，由口岸动植物检疫机关签发《检疫处理通知单》，通知货主或者其代理人作除害、退回或者销毁处理。经除害处理合格的，准予进境。”

目前各级部门开始重视甘蔗检疫性有害生物，通过各种检疫措施及法规加强甘蔗引种检疫，有效阻止危险性有害生物随种苗传播蔓延，增强减灾防灾能力，确保甘蔗品种质量和甘蔗生产安全，促进甘蔗种植业和蔗糖业持续稳定健康发展。

三、隔离种植检疫室

（一）检疫设施设备及要求

检疫室环境要求：必须为远离蔗区 20km 以外的专用温室。

（1）土壤、种植盆等须消毒才能进入检疫室。

（2）现有设备能防止昆虫进入。检疫期间要求用杀菌剂和杀虫剂进行处理，最大限度地减少老鼠、蚂蚁、昆虫、螨虫、蚜虫、蓟马等。

（3）进入检疫温室需穿检疫室专用的实验服及鞋套，在蔗田中所穿的衣服、鞋子不能直接带入温室，除非经过消毒清洗。

（二）甘蔗检疫温室

根据国际甘蔗病虫检疫的标准要求，甘蔗检疫温室要严格按照甘蔗生长需求进行设计和建造，检疫温室保温、密封、通风换气、除湿、消毒等功能齐全，综合性能良好，配备有负压系统、水处理系统、消毒系统、计算机智能控制系统，具备遮阴、灌溉、通风换气及升降温设施，确保室内生产的安全性、环境条件的精密性，严防病虫的传播。

检疫温室设置：处理间、缓冲间和温室3个主要功能区域，四周设有隔离沟。处理间设有紫外灯、焚烧炉、浸种冷水池、恒温水浴锅（50～52℃恒温）等设施。温室分为缓冲区（走廊）和单体温室（$10m^2$），室内设有高密度防虫网、轴流强制通风机、空调控温、手动遮阳网、紫外灯、顶喷淋、消毒脚垫等相关设施设备。温室主体采用热镀锌处理的轻钢结构，覆盖采用特殊的铝型材、进口PC板、玻璃、橡胶密封条及专用胶、单体温室玻璃门及门缝橡胶密封条，这些设备设施严格保证了温室的密封性。

四、引种检疫流程

引种审批→引种检疫申请→引进甘蔗种质→报关报检调运→隔离检疫种植→相关部门监测→合格出圃。

（一）检疫审批管理

1. 审批依据

《中华人民共和国进出境动植物检疫法》

《中华人民共和国进出境动植物检疫法实施条例》

《植物检疫案例实施细则（农业部分）》

《植物检疫条例》

《国外引种检疫审批管理办法》

《关于进一步加强国外引种检疫审批管理工作的通知》

中华人民共和国农业部公告第 588 号

《国外引种检疫审批管理办法》

2. 检疫审批

（1）办理国外引种必须符合以下条件。

a. 引种单位和个人应当在对外签订贸易合同、协议 30d 前，申请办理国外引种检疫审批手续。

b. 种苗输出国家或地区无重大植物疫情；引种单位应调查了解引进植物在原产地的病虫发生情况，并在申请时向检疫审批单位提供有关疫情资料，对于引进数量较大、疫情不清，与农业安全生产密切相关的种苗，引种单位应事先进行有检疫人员参加的种苗原产地疫情调查。

c. 引种单位须具有有效的种苗进口权证明材料，无种苗进口权的引种单位可让具有种苗进口权的单位代理进口。

d. 引种单位在申请引种前，其隔离试种地须经省级海关检疫部门进行实地考察，符合隔离试种条件方可办理引种手续。

e. 需提交经农业农村部批准的《中华人民共和国农业农村部动植物苗种进（出）口审批表》。

f. 需提交《国（境）外引进农业种苗检疫审批申请书》。

g. 申请进口试验用种子应提交种植试验方案；进口种质资源应提交种植试验或实验室试验方案。

h. 首次引进的（从未引进或连续 3 年没有引进）需提供引进种苗原产地病虫害发生情况说明。

i. 新引进（从未引进或连续 3 年没有引进）的种苗繁殖材料，必须事先少量隔离试种（种质资源和科研试验材料检疫审批限量；生产用种苗的引进，种子以 2 亩地、苗木以 50 株为限）。

j. 再次引种的，需出具种植地省级植物检疫部门签署的《国（境）外引进农业种苗入境后疫情监测报告》。

（2）审批限量。

a. 农作物种质资源和科研试验材料引进：国务院和中央各部门所属在京单位、驻京部队单位、外国驻京机构等，由农业农村部全国植物保护总站审批；各省、自治区、直辖市有关单位和中央京外单位由种植地的省、自治区、直辖市农业农村厅（局）植物检疫（植保植检）站审批，热带作物种质资源交换和引进由农业农村部农垦局签署意见后，报农业农村部全国植物保护总站审批。

b. 生产用种苗引进：已在当地多年引进，经疫情监测，符合检疫要求的作物或品种，引种数量在“生产用种苗引种检疫审批限量”内的，由种植地的省，自治区、直辖市农业农村厅（局）植物检疫（植保植检）站审批（国务院和中央各部门所属在京单位、驻京部队单位、外国驻京机构等，由农业农村部全国植物保护总站审批）；引种数量超过审批限量的，由种植地的省、自治区、直辖市农业农村厅（局）植物检疫（植保植检）站签署意见后，报农业农村部全国植物保护总站审批。

（3）本岗位负责人。省级植物保护总站人员。

（4）审批时限。省级审批限量内的自受理之日起 18 个工作日内做出决定。

（5）审批结果。准予许可的，颁发由农业农村部种业管理司司长审签的《中华人民共和国农业农村部动植物苗种进（出）口审批表》，加盖进出口农作物种子审批专用章；不予许可的，不出具《中华人民共和国农业农村部动植物苗种进（出）口审批表》，并告知原因。

（二）引种隔离种植检疫程序和方法

完整的甘蔗检疫程序包括口岸检疫和隔离试种期检疫两部分。

口岸检疫除对所引进的甘蔗材料进行直接检验和对这些材料和包装物进行必要消毒外，还负责审核有关引种手续，并按照检疫对策中的要求作出处理，包括送往指定场所隔离试种。由于对甘蔗引种规定了每个品种的数量限制，使口岸的甘蔗检疫在无发现特别明显特征时不可进行破坏性检查。但是，多数甘蔗危险性、检疫性病害往往从表面上一时难以看出，而是需要经过萌芽和生长过程，在一定条件下出现症状或者存活后取样检测后而被检验出来，因此隔离试种期则成为甘蔗检疫的重点时期。由符合要求的甘蔗引种检疫室负责甘蔗隔离试种期的检疫。隔离试种期检疫共分两个阶段：第一阶段是将甘蔗种在玻璃检疫温室，称为温室隔离检疫；第二阶段是在温室隔离检疫基础上将未发现检疫性病虫的甘蔗品种移植露天苗圃隔离区种植，观察并检测病虫害发生情况，称为苗圃隔离检疫。甘蔗的隔离检疫种植按一新一宿两个生长周期进行。

1. 温室隔离检疫阶段　收到蔗种后，在海关检疫部门监督下开箱检查引进甘蔗种茎，逐段经肉眼和放大镜检查有无害虫隐藏，有无虫斑、虫迹、蛀孔、排泄物，有无虫卵附着以及种茎是否有带病症状。引进甘蔗蔗茎种植前需消毒处理，用多菌灵或者甲基硫菌灵等杀菌剂浸泡蔗茎 5min［出口方未作热水处理的蔗茎，杀菌剂消毒处理前先用（52±0.5)℃热水浸泡 30min)］，然后桶栽，按不同引进批次种植于玻璃温室。出苗后，结合病害症状观察、显微技术、PCR 检测技术等方法进行监测，每隔 10～15d 观察一次，检查是否有病害症状和昆虫。种植至第 4 个月，对每桶甘蔗进行甘蔗病毒病（斐济病）的 PCR 检测；第 10 个月进行细菌性病害（白条病）和植原体病害（白叶病）的 PCR 检测。第一个生长周期种植至第 6 个月左右，砍下 50％的甘蔗蔗茎用作新植。每个品种保留 8～10个芽，用流动常温水浸泡 48 h，（50±0.5)℃热水浸泡 2 h 后，种植于新的塑料桶内，所用土壤和种植桶均需消毒，砍刀每砍一桶前均用 75％酒精消毒，以防砍刀传播病菌。宿根蔗第 1、2、3 个月和再植蔗在第 2、4、6 个月进行检疫性病虫害的疫情监测。上述检疫过程（两次新植一次宿根）需要约 1 年时间，其间若出现异常蔗株，即迅速隔离，培养鉴定或者用 PCR 技术检测，及时处理。表现正常的品种，则砍下转入第二阶段的苗圃隔离检疫，温室内继续保留宿根观察。

检疫温室派专人管理，温室内定期施复合肥，定期喷杀菌和杀虫等化学药剂，防虫防病。

2. 苗圃隔离检疫阶段　从检疫温室移出的各个品种的蔗种，同样先经过消毒处理，每个品种一般不超过 10 段双芽蔗茎在隔离区种植。这个阶段的各个生长期同样要观察病虫害情况，包括在当地气候条件下甘蔗对病虫害的抗性和感性，并对品种特性进行初步调查鉴定。在甘蔗的两个生长周期中，引进的甘蔗品种经完全处理和监测后，未发现有检疫性病虫害的植株，可以判定为健康蔗茎。健康蔗茎砍收后，经过（52±0.5)℃热水浸泡30min，再用50%多菌灵800倍液浸种5～10min，出圃种植于大田中，用于其他试验研究。如果隔离检疫种植期间发现有检疫性病虫害，需向上级相关检疫部门报告后及时按规定销毁。对引进甘蔗进行标准规范的隔离检疫种植及监测，可较全面地监测危险性有害生物在我国发生并防止扩散，保证甘蔗引种的安全。

3. 引种隔离种植检疫流程 如图2-1所示。

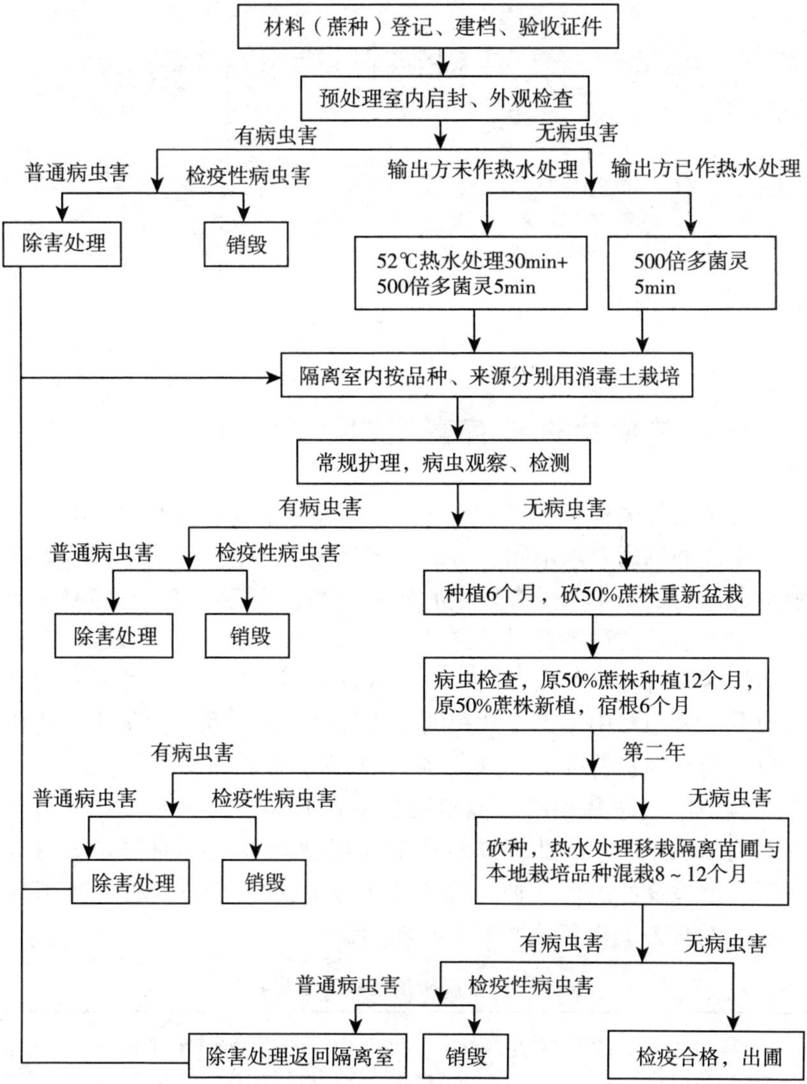

图 2-1　引种隔离种植检疫流程图

注：除害处理视疫情和送检方要求规定，每个材料最多除害处理一次。

第三章　引进甘蔗检疫性有害生物

一、甘蔗检疫性有害生物

甘蔗引种的检疫性有害生物种类，国内外的要求不同。国际引种，不同的国家要求不同。有的以国际上公认的主要病虫杂草为检疫对象；有的以本国没有发生的病虫杂草为检疫对象；有的更为严格，要求引进的种植材料不得带有任何病虫杂草。但是多数以本国或本地区没有发生的病虫杂草和没有发现的生理小种（株系）为检疫对象。遵照《中华人民共和国植物检疫条例》和《中华人民共和国进出境动植物检疫法实施条例》，根据农业农村部等机构联合发布的《中华人民共和国进境植物检疫性有害生物名录》（更新至2021年4月9日），目前我国甘蔗检疫性有害生物种类共20种，包括甘蔗检疫性虫害8种，检疫性病害10种，杂草2种。我国甘蔗检疫性有害生物名录可参考表3-1。

表3-1　甘蔗检疫性有害生物名录

分类	有害生物中文名	有害生物拉丁名
昆虫（8种）	蔗扁蛾	*Opogona sacchari*（Bojer）
	小蔗螟	*Diatraea saccharalis*（Fabricius）
	蔗根象	*Diaprepes abbreviata*（L.）

（续）

分类	有害生物中文名	有害生物拉丁名
昆虫（8种）	几内亚甘蔗象	*Rhabdoscelus obscurus*（Boisduval）
	褐纹甘蔗象	*Rhabdoscelus lineaticollis*（Heller）
	白缘象甲	*Naupactus leucoloma*（Boheman）
	棕榈象甲	*Rhynchophorus palmarum*（L.）
	红棕象甲	*Rhynchophorus ferrugineus*（Olivier）
线虫（3种）	香蕉穿孔线虫	*Radopholus similes*（Cobb）Thorne
	根结线虫属（非中国种）	*Meloidogyne* Goeldi（non-Chinese species）
	短体线虫（非中国种）	*Pratylenchus* Filipjev（non-Chinese species）
杂草（2种）	假高粱（及其杂交种）	*Sorghum halepense*（L.）Pers.（Johnsongrass and its cross breeds）
	黑高粱	*Sorghum almum* Parodi.
真菌（3种）	甘蔗凋萎病菌	*Cephalosporium sacchari* E. J. Butler et Hafiz Khan
	玉米霜霉病菌（非中国种）	*Peronosclerospora* spp.（non—Chinese）
	甘蔗壳多胞叶枯病菌	*Stagonospora sacchari* Lo et Ling
病毒（1种）	甘蔗线条病毒	*Sugarcane streak virus*，SSV
细菌（3种）	甘蔗流胶病菌	*Xanthomonas axonopodis* pv. *vasculorum*（Cobb）Vauterin et al.
	甘蔗白色条纹病菌（白条病菌）	*Xanthomonas albilineans*（Ashby）Dowson
	玉米细菌性枯萎病菌	*Pantoea stewartii* subsp. *stewartii*（Smith）Mergaert et al.

注：表中“非中国种”是指中国未有发生的种。

二、部分甘蔗检疫性虫害发生情况

（一）蔗扁蛾

学名：*Opogona sacchari*（Bojer）；异名 *Alucita sacchari* Bojer，*Opogona subcervinella*（Walker）。

分类地位：鳞翅目 Lepidoptera，辉蛾科 Hieroxestidae，扁蛾属 *Opogna*。

形态特征：成虫，体黄褐色，体长 8～10mm，翅展 22～26mm。前翅深棕色，中室端部和后缘各有一黑色斑点。前翅后缘有毛束，停息时毛束翘起如鸡尾状。雌虫前翅基部有一黑色细线，可达翅中部。后翅黄褐色，后缘有长毛。后足胫节狭长，超出翅端部，上有 2 对距，中距长而端距稍短，中距的内距极长，约为胫节长的 2/3。腹部腹面有 2 排灰色点列。停息时，触角前伸，爬行时，速度快，形似蜚蠊，并可做短距离跳跃。成虫口器具上颚、后下唇。卵，淡黄色，卵圆形，长 0.5～0.7mm、宽 0.3～0.4mm；多产在未展开的叶与茎上，单粒散产，或成堆成片，数十粒甚至百粒以上。幼虫，乳白色，透明。老龄幼虫体长 20mm 左右，充分伸长可达 30mm，粗约 3mm，头红褐色，前胸盾和气门片暗红褐色，周缘色淡，气门与 3 根侧毛（L）在同一毛片上；侧毛（L2）单独在一毛片上，与 L1 和 L3 分开；3 对胸足均发达，跗爪延长；胸部和腹部各节背面均有 4 个毛片，矩形，前 2 后 2 排成两排，各节侧面分别有 4 个小毛片；腹足 5 对，第 3～6 节的腹足趾钩呈二横带，第 10 节的一对臀足趾钩则呈单横带排列。蛹，长约 10mm，宽约 4mm，亮褐色，背面暗红褐色而腹面淡褐色，首尾两端多呈黑色，头顶具三角形粗壮而坚硬的“钻头”，蛹尾端一对向上钩弯的粗大臀棘是固定在茧上以便转动腹部而钻孔用的。

分布范围：中国；非洲毛里求斯、留尼汪岛、马达加斯加、塞舌尔、南非、圣赫那群岛、尼日利亚、佛得角、加那利群岛；欧洲葡萄牙（含亚速尔、马德拉）、希腊、意大利、法国、荷兰、英国；

美洲巴西、秘鲁、委内瑞拉、巴巴多斯、洪都拉斯、百慕大群岛及美国等。

主要寄主：寄主植物多达28科87种8个变种，其中国外已报道的为24科46种4个变种，我国已查到14科55种2个变种。在这些寄主植物中，以行道绿化树木和园林花卉植物为主。主要有巴西木（香龙血树）、金边香龙血铁、把关河苏铁、海南铁、一品红、天竺葵、笔筒树、鱼尾葵、散尾葵、大王椰子、国王椰子、鹅掌柴、木棉、合欢、木槿、印度榕（橡皮树）、菩提树、构树、棕竹、香蕉、甘蔗、玉米等。

危害部位：蔗扁蛾是广谱性的贪食者，主要从植物受损伤部位侵入，探后扩散到植株的健康组织，以幼虫生活在植株体内，主要蛀食寄主植物的皮层、茎秆，咬食新根，使植物逐渐衰弱、枯萎，乃至死亡。对于不同的寄主，蔗扁蛾造成的为害状有所不同。植株枝条上部切口处、表皮、生长点、叶鞘、嫩芽等均可成为入侵部位。但被害植株的茎秆表皮多蛀孔，周围布满虫粪、碎木屑，或表皮下聚集有大量虫粪。

传播途径：依靠成虫的飞翔而进行自然传播，但飞行能力较弱，一般一次只能飞行10m左右。远距离传播主要随寄主材料的携带进行。

（二）小蔗螟

学名：*Diatraea saccharalis*（Fabricius）；异名 *Diatraea sacchari* Guilding，*Crambus sacchari* F.。

分类地位：鳞翅目 Lepidoptera，螟蛾科 Pyralidae，草螟亚科 Grambinae。

形态特征：雌虫翅展28.0～39.0mm，体淡黄色，额突出，下唇须褐色，伸出头长1.25倍；前翅枯黄色或褐色，有2条清晰的斜纹：一条由翅褶中部曲折伸达顶角；另一条较细，由后缘近中部呈弧形延伸到顶角附近，末端有一个黑色圆点；翅脉棕色较明显。后翅白色。雄虫翅展18.0～26.0mm，体色及翅的颜色比雌虫深。

幼虫分夏型和冬型，夏型老熟幼虫体长约 26.00mm；头部深褐色，并向腹侧逐渐加深，口器黑色，具 4 个锐齿和 2 个钝齿，第一锐齿基部有一小尖突起，前胸盾片淡褐色至褐色，毛片和毛淡褐色，第一腹节前背毛片大且左右接近，前背毛与后背毛连线与中线在该节前方相遇，并成锐角（约 30°），第九腹节前背毛可见，气门深褐色；冬型幼虫体长约 22.0mm，与夏型幼虫主要区别是前胸盾片和毛片颜色较浅，呈淡黄色。卵扁平，椭圆形，长 1.16mm、宽 0.75mm，数粒至几十粒集成卵块，鱼鳞状排列。蛹浅褐色至深褐色，末节有明显尖突。

分布范围：美国、墨西哥、危地马拉、洪都拉斯、萨尔多、格林纳达、安提瓜岛、巴巴多斯、古巴、多米尼加、巴拿马、背风群岛、瓜德罗普岛、马提尼克岛、圣卢西亚岛、圣文森特岛、海地、牙买加、波多黎各、特立尼达、维尔京群岛、阿根廷、玻利维亚、巴西、秘鲁、圭亚那、哥伦比亚、厄瓜多尔、巴拉圭、乌拉圭、委内瑞拉。

主要寄主：甘蔗、水稻。在美洲分布区小蔗螟是甘蔗与水稻上的主要害虫；其次危害玉米、高粱及苏丹草。

危害部位：能够从苗期一直到收获前不断进行危害，危害的虫态为幼虫期。在植株的苗期，幼虫侵入植株的生长点，危害心叶，造成“死心”苗。在植株生长中、后期，幼虫则钻入植株茎秆内部蛀食植株的内部组织，受害严重的植株有时只剩下植株的纤维组织。初孵幼虫开始时在叶片表皮上取食，一周后，在叶鞘与茎秆之间活动，随后则咬破茎秆外壁进入茎秆，蛀食植株内部组织，并在茎秆内部完成发育化蛹，以幼虫在水稻和玉米茎秆或残梗中越冬。

传播途径：随寄主的茎秆、杂草、甘蔗的繁殖和包装材料作远距离传播。

（三）蔗根象

学名：*Diaprepes abbreviata*（Linnaeus）。

分类地位：鞘翅目 Coleoptera，象虫科 Curculionidea，粗喙象

亚科 Entiminae，根象属 *Diaprepes* Schoenherr。

形态特征：成虫体长 0.95～1.90cm。黑色，鞘翅上有淡白色、橘红色或黄色斑，色斑常由翅肩向后延伸，形成的外观为黑色条斑、浅色背景。卵长椭圆形，长 1.2mm、宽 0.4mm，表面光滑，浅黄白色，具闪光；卵块单层，形状不规则。幼虫白色，无足，头壳有颜色深浅不同的区域。老熟幼虫体长 2.5cm。

分布范围：美国、波多黎各、牙买加、尼加拉瓜、多米尼加、安的列斯群岛、圣卢西亚、圣文森特、蒙特塞拉特岛、巴巴多斯。

主要寄主：约 270 种，最重要的寄主是甘蔗和柑橘，其他寄主包括蔬菜、马铃薯、木本观赏植物、甘薯、番木瓜、番石榴、红木树和一些野生植物。

危害部位：幼虫危害植物根部，常蛀食主根，削弱植物吸收水分、营养的能力，导致植物死亡。

传播途径：远距离的扩散主要依靠土壤和带土的植物运输。另外，残留于运输工具如汽车、轮船上的土壤也可能带有象甲幼虫、蛹。

（四）几内亚甘蔗象

学名：*Rhabdoscelus obscurus*（Boisduval）。

分类地位：鞘翅目 Coleoptera，象甲科 Curculionidea，隐颏象亚科 Rhynchophorinae，甘蔗象属 *Rhabdoscelus*。

形态特征：成虫在大小、体色、鞘翅色斑和外观上都有很大差异，体型大小为 7.5～13.5mm（不包括头部）。喙长且弯曲，雄虫喙腹面粗糙而雌虫表面光滑；中足基节之间的距离超过中足基节宽度；鞘翅上有明显的暗红色斑纹，行纹刻点较大；臀板明显外露。幼虫无足、乳白色，最长为 15mm，最宽为 7mm，身体被覆刚毛；头部卵圆形、红棕色，宽度为 3mm；口器为红棕色，上颚在顶部分为两半，但通常脱落。卵长 1.4mm，稍弯曲，光滑，乳白色。

分布范围：原产于巴布亚新几内亚，现分布于印度尼西亚、日本、马来西亚、美国、澳大利亚、斐济、所罗门等国家，我国台湾地区也有分布。

主要寄主：甘蔗、椰子、西谷椰、槟榔、散尾葵、槟榔竹及其他棕榈树，偶尔也寄生木瓜、玉米、香蕉等。在澳大利亚昆士兰州还危害 *Aphanes caryotifolia*、*Archontophoenixalexandra*、*Bactris gasipaes*、*Carpentaria acuminata*、*Caryotamitis*、*Chrysalidocarpus madagascariensis*、*Dictyosperma album*、*Dypsis*、*Euterpe*、*Hyophorbe lagenicaulis*、*Licuala*、*Metroxylon salmonense*、*Neodypsis decaryi*、*Normanbya normabyi* 等10余种植物。

危害部位：雌虫主要在叶基部钻蛀或在树干上用上颚掘出孔洞，将卵逐粒产在卵孔中。以幼虫在寄主茎内蛀食危害，幼虫期10～12周，之后在纤维做成的茧中化蛹。通常先危害茎的基部，然后爬到高的地方，也可危害根部，还可导致赤腐病。危害严重时导致植株枯萎、死亡。

传播途径：成虫具有一定的飞行能力，可通过卵、幼虫、蛹、成虫随棕榈苗木和甘蔗携带进行远距离传播。

（五）褐纹甘蔗象

学名：*Rhabdoscelus lineaticollis*（Heller）。

分类地位：鞘翅目 Coleoptera，象虫科 Curculionidae，甘蔗象属 *Rhabdoscelus*。

形态特征：成虫体长 13～15mm、宽 4～5mm。身体密被刻点，具黑褐色和黄褐色纵纹；触角膝状，前胸背板呈水滴状，背面略平，中间具1条明显的黑色或褐色中央纵纹，该纵纹在近基部扩宽，中间具有一明显的黄褐色纵纹；小盾片黄褐色或黑色，臀板外露，具明显深刻点，端部中间具刚毛；足细长，跗节 4 退化，隐藏于跗节 3 中，端钩尖锐。幼虫乳白色，老熟幼虫体长 15～20mm；无足，略呈纺锤形，前胸背板淡黄褐色，腹部多褶皱且中央突出，腹部背面有一条明显黑线；头部棕红色，椭圆形，上颚红棕色，蜕裂线明显；头部及各体节具刚毛。蛹体长 13～15mm，宽6～7mm，黄色或黄白色，具瘤突，腿节末端外侧有突刺。茧长约 20mm、宽约 10mm，由幼虫以危害后的纤维包裹而成。

分布范围：原产于菲律宾的吕宋岛、内格罗斯岛等，后传入日本冲绳岛和我国台湾，现已广泛分布于北京、广东、云南、广西等地。

主要寄主：主要包括富含纤维的多种棕榈科经济或观赏植物，如椰子、西谷椰、华盛顿椰子、大王椰子、国王椰子、假槟榔、海枣、刺葵、散尾葵、蒲葵、鱼尾葵、海椰子、棍棒椰子；以及禾本科的甘蔗，还包括玉米、香蕉、木瓜、鹤望兰（天堂鸟）等植物。

危害部位：主要以幼虫钻蛀叶鞘及茎干危害，植株受害严重时枯萎死亡。

传播途径：随棕榈苗木和甘蔗种苗的引种而远距离传播，且寄主调运频繁。

（六）白缘象甲

学名：*Naupactus leucoloma*（Boheman）；异名 *Graphognathus leucoloma*（Boheman）。

分类地位：鞘翅目 Coleoptera，象甲科 Curculionidae，短喙象甲亚科 Brachyderinae，白喙象属 *Naupactus* Dejean。

形态特征：雌虫体长 8～12mm，身体灰褐色，鞘翅基部一半较宽，向鞘翅端部逐渐窄缩，沿鞘翅边缘具一条浅色带，故俗称为“白缘象甲”；头部和前胸背板两侧各有两条纵行白色条纹，一条位于眼上方，另一条位于眼下方；喙短而粗；触角柄节棒状；身体密被浓密短毛，鞘翅后端的毛较长；鞘翅与中胸背板相连，后翅不发达，因此成虫不能飞翔。此种象甲目前尚未发现存在雄虫。卵椭圆形，长约 0.08mm。新产的卵为乳白色，4～5d 后变成浅黄褐色。老熟幼虫体长约 13mm，典型象虫幼虫体形，身体弯曲、浅黄白色、无足，被覆稀疏短毛，头部颜色稍暗。蛹大小近于成虫。

分布范围：原产于美国佛罗里达州，后来传播到阿根廷、巴西、秘鲁、乌拉圭、智利、澳大利亚、新西兰等国家。

主要寄主：花生、大豆、紫花苜蓿、蔬菜作物、玉米、棉花、甘薯、甘蔗、野生杂草、观赏植物、苗圃植物等。成虫可在不同科的170多种植物簇叶上取食，幼虫至少取食41科385种植物的根。

危害部位：幼虫聚集在土壤上层取食幼嫩植株的茎基部、根部外层和内部柔软组织，并可切断主根，也取食播种后的种子，钻蛀危害马铃薯和甘蔗。

传播途径：主要通过携带白缘象甲各种虫态的土壤、寄主植物调运和各种交通运输工具而进行人为远距离传播。美国的白缘象甲可能就是通过货运从南美洲传入的。

（七）棕榈象甲

学名：*Rhynchophorus palmarum*（Linnaeus）。

分类地位：鞘翅目 Coleoptera，象虫科 Curculionidae，棕榈象甲属 *Rhynchophorus*。

形态特征：成虫体长30～35mm、宽约12mm，身体红褐色；头部前端延伸成喙，雄虫的喙粗短且直，喙背有一丛毛，雌虫喙较细长且弯曲，喙和头部的长度约为体长的1/3；前胸前缘细小，向后缘逐渐宽大，略呈椭圆形；背上有6个小黑斑排列两行，前排3个，后排3个；鞘翅较腹部短，腹末外露；身体腹面黑红相间，各足基节和转节黑色，各足腿节末端和胫节末端黑色，各足跗节黑褐色；触角柄节和索节黑褐色，棒节红褐色。幼虫体长40～45mm，黄白色，头暗红褐色，体肥胖，纺锤形，胸足退化。蛹长35mm左右，初化蛹乳白色，后逐渐变褐色。茧长50～95mm，长椭圆形。

分布范围：棕榈象甲原产南亚，在国外主要分布在中东、南亚、东亚、太平洋诸岛和地中海沿岸部分国家及地区。在我国，已报道的分布区涉及海南、广西、广东、台湾、云南、福建、香港、西藏（墨脱）等。

主要寄主：棕榈科植物，包括椰树、海枣、加纳利海枣、台湾海枣、银海枣、西谷椰子、桄榔、油棕、糖棕、槟榔、假槟榔、酒瓶椰子、三角椰子、大王椰子、圆叶蒲葵、糖椰子等；以及禾本科的甘蔗。

危害部位：以幼虫钻蛀茎干取食柔软组织危害，造成隧道，影响植株养分和水分输送，造成流胶，使树干成为残留破碎纤维的空壳，茎干顶端渐次变细，叶色变黄，树冠缩小，树势衰弱，导致死亡。

传播途径：主要随寄主植物的种苗及以寄主植物为材料制成的包装物作远距离传播。成虫有迅速飞翔和扩散能力，飞翔速度可达6m/s，可连续飞翔4～6km，进行自然传播。

（八）红棕象甲

学名：*Rhynchophorus ferrugineus*（Olivier）。

分类地位：鞘翅目 Coleoptera，象虫科 Curculionidae，隐颏象亚科 Rynchoporinae，棕榈象甲属 *Rhynchophorus*。

形态特征：成虫体长25～31mm、宽8.5～11mm，红棕色，具光泽；头部象鼻状，口器生在前端，咀嚼式，雄虫鼻背面密被短毛；触角锤状，可折叠；前胸略呈三角形，背面有黑色斑，斑点个数差异较大，但多为6～8个，排列成前后两行；前翅红棕色，有深色条纹状刻沟，鞘翅侧边缘光滑；雄虫各足腿节和胫节腹面鬃毛比雌虫多且浓密。卵乳白色，具光泽，圆形；初产透明，之后数天略膨大，两端透明，后又逐渐缩小至原状，孵化前，卵前端有一暗红色斑。幼虫体柔软具皱褶，无足，气门8对；头部坚硬，上颚发达；腹部末端扁平凹陷呈铲状，周缘具刚毛；老熟幼虫体长35～42mm，体黄白至黄褐色，可见一条黑色线位于体内背中线位置。蛹为离蛹，初为乳白色，之后颜色加深，外部有寄主植物纤维包裹的茧。

分布范围：国外主要分布于埃及、摩洛哥、突尼斯、巴林、约旦、科威特、黎巴嫩、叙利亚、阿曼、卡塔尔、沙特阿拉伯、阿联酋、也门、利比亚、伊朗、伊拉克、以色列、土耳其、巴基斯坦、印度、孟加拉国、斯里兰卡、柬埔寨、老挝、缅甸、泰国、越南、菲律宾、马来西亚、格鲁吉亚、日本、阿尔巴尼亚、克罗地亚、塞浦路斯、法国、希腊、意大利、马耳他、黑山、葡萄牙、斯洛文尼亚、西班牙等地。我国自 20 世纪 90 年代在福建厦门首次发现红棕象甲以来，随后在海南、广东、广西、重庆、台湾、云南、西藏、香港、澳门、江西、上海、四川、贵州、浙江等南方地区陆续发现其分布危害。

主要寄主：红棕象甲属于寡食性害虫，据报道寄主有 20 多种，主要危害棕榈科植物，包括椰子、油棕、椰枣、槟榔、银海枣等，也危害甘蔗。

危害部位：主要通过叶柄的伤口或裂缝侵入树体危害，幼虫有明显互残习性，一条蛀道通常只有一头幼虫，通过蛀食植株内部组织，造成叶片基部干枯、生长点坏死、主干内部蛀道纵横交错等症状，通常 6～8 个月就能造成棕榈科植物死亡。

传播途径：远距离传播主要依靠各寄主植物的调运或其他载体携带该虫的卵、幼虫和蛹。

三、部分甘蔗检疫性病害发生情况

（一）甘蔗凋萎病

甘蔗凋萎病菌是甘蔗上的检疫性病原真菌，对甘蔗的品质和产量产生极大的影响，在口岸上是进境甘蔗种苗重要的检疫项目。应加强进境甘蔗种苗的检疫，以防止该病菌传入国内。

1. 主要症状 甘蔗凋萎病在发病初期，通常发生在甘蔗下部，症状一般不明显，当甘蔗长至一半高度时，发病严重的甘蔗死亡，才会引起防治重视。病害造成甘蔗生长缓慢，植株矮化，不分蘖，产生大小不等的病斑，病害迅速在田间传播，到收获时，甘蔗枯萎，先是叶片如缺水般干枯，接着是蔗茎变空、变轻。将枯萎的蔗茎剖开，发现内部有特征性的变色。弥漫性的紫色或者暗红色代替了被白色区域横向扩展打破的亮红色斑块和条纹。在病害早期变色的特点是该病害区别于其他病害的显著特征。在甘蔗生长后期，红色几乎消失，取而代之的是土褐色。在甘蔗空腔内，经常发现蓬松的灰色霉层。

2. 病原学名　*Cephalosporium sacchari* E. J. Butler et Hafiz Khan；无性世代 *Fusarium sacchari*（E. J. Butler）W. Gams.；异名 *Gibberella sacchari* Summerell et Leslie sp. Nov.；*Gibberella fujikuroi* var. *subglutinans* Edwards；*Gibberella subglutinans* Nelson et al.；*Fusarium sacchari* var. *elongatum*；*Fusarium sacchari* var. *subglutinans*（Wollenw & Reinking）Nirenberg；*Fusarium moniliforme* var. *subglutinans* Wollenw & Reinking；*Fusarium subglutinans* Nelson et al.；*Gibberella moniliforme* var. *subglutinans* Woll. & Rei.。

3. 病原

（1）有性阶段形态特征。子囊壳表生，青紫色，倒卵形，有疣状突起，表面粗糙，子囊棱形，开裂，内有子囊孢子 8 个，直径 250～390μm（平均 310μm），有侧丝，子囊壳在 3%氢氧化钾溶液中不变色，在 100%乳酸中变成红色，子囊壳由内外两层构成，外层厚 18～39μm（平均 30.6μm），内层厚 4.4～5.9μm（平均 4.9μm），外层细胞大，内层细胞小。子囊孢子从孢子角溢出，光滑、透明、椭圆形或倒卵形，两端钝圆，0～1 个分隔，一般为 1 个分隔，分隔处稍缢缩，子囊孢子大小（28～32）μm×（3～4.5）μm（平均 30.4μm × 4.2μm）。子囊壳和子囊孢子的大小是鉴定甘蔗凋萎病菌的重要特征。

（2）无性阶段形态特征。分生孢子座一般不产生，但 CLA 培养基中在麝香石竹叶片上观察到橙色的分生孢子座。大分生孢子很难观察到，紫外线照射能促进大分生孢子的形成。有时产生蓝色或黑色的菌核，大分生孢子细长、镰刀形、壁薄，3～4 个隔，通常 3 个隔；小分生孢子卵形、无隔、单胞。小分生孢子在单分生孢子梗或聚分生孢子梗上假头状大量产生。

4. 侵染途径　病菌依靠带菌种子、种苗或病残体进行远距离传播。病菌产生的大量孢子是初侵染源。病菌通常通过伤口、蔗茎节上的芽眼或种植时的切口进行侵染，造成种植时大量嫩株在头 3 个月内枯萎。生长后期，病菌通过虫孔侵染。

5. 发病条件 夏天雨季，高温潮湿，分生孢子产生多，侵染传播发病严重。

（二）甘蔗流胶病

甘蔗流胶病又称胶滴病，是一种由维管束黄单胞杆菌引起的甘蔗细菌性维管束病害。在巴西、印度、毛里求斯、澳大利亚、斐济、加勒比、哥伦比亚、瓜德罗普岛、安提瓜岛、多米尼加、巴巴多斯、马达加斯加、留尼汪岛、洪都拉斯、爪哇岛、加里曼丹岛、马提尼克岛、新几内亚岛等多个地区均有分布，该病害也是国外重要植物检疫对象之一。南美洲和澳洲一些蔗区因流胶病袭击，甘蔗产量减少40%，含糖量减少17%以上，蔗糖业生产受到严重影响，染病蔗茎胶多，给制糖工艺增加难度。

1. 主要症状 甘蔗流胶病害症状分两个阶段，初为条斑期，后为系统侵染阶段。

（1）条斑期。初为3～6mm宽，黄或橘黄色条斑，后变灰白色。症状先从叶边缘延至基部，或从伤口中心沿叶脉扩展。该病与甘蔗白条病［*Xanthomonas albilineans*（Ashby）Dowson］区别是条斑的颜色和类型。叶片在系统侵染期主要表现为褪绿性条斑，条斑症状在成熟叶片上发展最快，条件适宜时，叶片上均有许多条斑，并延伸至叶鞘，这样病菌进入茎秆引起系统侵染。

（2）系统侵染阶段。茎秆维管束组织特别是节间变红色，组织破坏或形成空腔，填满菌脓和多糖类物质，严重时引起生长点死亡。亦可使茎秆一边因过度生长而畸形或形成“刀切口”症状，有时填满菌脓，切开茎秆可见菌脓流出。

2. 病原学名 *Xanthomonas axonopodis* pv. *vasculorum*（Cobb）Vauterin et al.；异名：*Bacillus vasculorum* Cobb；*Bacterium vasculorum*（Cobb）Migula；*Phytomonas vasculorum*（Cobb）Bergey et al.；*Pseudomonas vasculorum*（Cobb）Smith；*Xanthomonas vasculorum*（Cobb）Dowson。

3. 病原 甘蔗流胶病原细菌为革兰氏染色阴性、好氧、有荚膜杆菌，大小为（0.4～0.5）μm×（1～1.5）μm，单个、成双或成短链，具单根极鞭。在营养琼脂上培养，菌落光滑、有光泽、圆形，黄色奶油状，在含碳水化合物的培养基上较黏。液化明胶，水解淀粉，无法将硝酸盐还原至亚硝酸盐，产氨和 H_2S，不产吲哚。生长最适 pH 为 6.6～6.8；最适温度 27～28℃，最高温度 37～39℃，最低温度 5℃，致死温度 50℃。甘蔗流胶病菌是异质的，存在小种变化，具有一定的变异体。

4. 侵染途径　甘蔗流胶病主要由带病蔗种、风雨或甘蔗砍刀传播，其他途径包括农业器械、运输工具及昆虫类的远距离传带。带病蔗种传播在甘蔗流胶病远距离扩散中起很重要的作用，包括从一个地区或国家传到另一些地区和国家，同时保持每年或每季的侵染源。

5. 发病条件　病原通过叶片伤口侵染健康植株，高湿度或露水多既是侵染源（菌脓）产生，又是新侵染点成功接种所必需的。据澳大利亚和毛里求斯的研究，强风伴随大雨、高湿度、生长季高温的气候条件，有利于甘蔗流胶病传播和叶片侵染。植株近成熟时，低温和干燥条件可降低植株的抗病性，有利于系统侵染的形成和增加病害的严重度。同时，病害的严重度与飓风或台风的次数和风力有关。甘蔗流胶病在干燥的海岸地区及较高纬度地区发病较轻，而在具较大涡流的山坡地和喷灌地区发病较严重。

（三）甘蔗白条病

甘蔗白条病又称白色条纹病、叶烧病、叶灼病，是由白条黄单胞杆菌引致的世界性甘蔗重要病害之一。在美国、加拿大、菲律宾、澳大利亚、爪哇岛、中南半岛等多个地区均有分布，该病害也是国外重要植物检疫对象之一。甘蔗白条病是一种细菌性维管束病害，常会在某些耐病品种中不露病状而悄悄地传播着，一旦遇到适合的环境条件便会暴发，感染白条病的植株会出现叶片灼伤症状而引起减产。

1. 主要症状　甘蔗白条病是系统性病害，分慢性型和急性型两种。

（1）慢性型。主要危害甘蔗叶片，叶片上产生白色至乳黄色狭窄长条纹，沿维管束伸展，条纹1条至数条，长度不等，后期病叶从叶尖至叶缘逐渐干枯至全叶枯萎，似被沸水烫过，叶灼病由此得名。染病较重的病株节间变短、叶形短直，易长出白条纹的侧芽和细小分蘖，分蘖的叶片上也出现上述白色条纹。纵剖蔗茎可见一些变红的维管束，这些变色的维管束可穿过节间，发病重的蔗株茎内会出现坏死的空腔。

（2）急性型。主要表现为蔗丛外表不表现任何发病症状便整株凋萎或叶片卷缩枯死，状如缺水或蔗龟危害，通常一丛甘蔗中有1～2条患病而其他蔗株表现正常。纵剖病茎，除连接主茎的分蘖处外，一般看不到红色的维管束病变。甘蔗生长旺季突然遇有干旱时，易发生急性型病症。与生理性缺水枯萎不同之处在于病茎再行分蘖时，其叶片又可表现慢性型病症。甘蔗白条病常在耐病品种中潜伏而不表现症状，或症状表现不明显，当品种更换为不耐病品种时，该病可能会突然形成流行性病害，对甘蔗产量和糖分产生严重影响。

2. 病原学名 *Xanthomonas albilineans*（Ashby）Dowson。

3. 病原 为白条黄单胞杆菌，是一种寄居木质部的γ变形菌纲黄单胞菌属的细菌。该细菌属于革兰氏阴性菌，需氧型，棒状菌体的大小为（0.25～0.30）μm×（0.6～10.0）μm，单个或成群发生，有单个极生鞭毛。该菌株可以在改良的选择性Wilbrink's培养基上培养。菌落在平板上为浅黄色非黏液状，最佳生长温度为25℃，最高不超过37℃。菌株生长缓慢，一般培养4～6d才出现，菌落小、圆形、湿润而有光泽、透明且呈蜜黄色。

4. 侵染途径 病原细菌主要在种蔗内及宿根蔗内存活越冬，并成为翌年病害主要侵染来源。田间主要通过种苗和砍蔗工具传播蔓延，也可借风雨及水流传播，引种可以由带病的种苗从一地区传到另一地区。研究证明，病原菌通过蔗刀传染不可忽视。除蔗刀外，在正常的栽培操作中，农具和其他机械对此病的传播程度并不严重。土壤、昆虫、气流不携带此病菌。病原菌在土壤中不能长时间存活，只有在感病寄主中才能长期存活。

5. 发病条件　病害发生的程度同蔗田地势与土壤、栽培管理、品种等因素有关。蔗地低湿易积水，或土壤瘠薄，或施肥不足，或缺水受旱，或植株侧芽大量萌发，皆易诱发本病。病菌的潜伏期很长，往往植株感染后很长一段时间不表现病状，而当遇到干旱或渍水、缺肥、田间管理不善时便出现病状。

（四）甘蔗壳多胞叶枯病

也称甘蔗叶焦病、叶烧病或焦枯病。最初于 1948 年在我国台湾中部蔗区发现，随后扩展蔓延至整个台湾蔗区，危害严重时整块蔗田似被火烤过一样，产糖量损失可达 25%，为当地甘蔗的主要病害。随后该病继续传播，阿根廷、孟加拉国、古巴、斐济、印度、印度尼西亚、日本、尼日利亚、巴拿马、巴布亚新几内亚、南非、泰国、委内瑞拉、越南、肯尼亚等国均有该病的报道。1983 年以来，在我国云南省滇西的陇川、滇南的开远等局部蔗区的一些品种上有零星发生。20 世纪 90 年代末，在广东湛江和云南蒙自蔗区大面积暴发危害，对当地甘蔗生产造成严重影响。

1. 主要症状　主要危害叶片。最先在幼嫩的叶片上出现密布或疏布的红色或红褐色小斑点，斑点逐渐伸长呈纺锤形，并有明显的淡黄色环痕。病斑进一步发展时，小斑点合并，并沿维管束延伸至叶尖，形成纺锤状的条纹，大小通常为（1～17）cm×（0.3～5）cm 或更大。病斑开始时淡红褐色，渐变为草黄色并具深红色的边缘，后期在叶的坏死组织上有许多黑色小分生孢子器产生。病斑的扩大受品种和田间条件的影响，从侵染至发展成为条纹需 20d 左右。天气干燥时，多数条纹合并扩展，病组织未成熟而先变色，最后整片叶的表面呈典型灼炙状。

2. 病原学名　*Stagonospora sacchari* Lo et Ling。

3. 病原　能引起叶焦病症状的病原菌有两种，分别是半知菌甘蔗壳多孢和子囊菌双色小球腔菌（*Leptosphaeria*），无性阶段为壳多孢菌。1950 年罗宗爵和林克治研究此病并将其病原菌定名为甘蔗壳多孢，属半知菌亚门，球壳孢目，壳多孢属。在 PDA 培养基上，菌落初为白色放射状，后变为淡肉桂桃红色，中心形成分生孢子器处变为橄榄色或黑色。蔗株上的分生孢子器嵌于叶组织之中，上表面多于下表面。分生孢子器近球形或球形，深褐色，直径 150～228μm，具膜状壁，厚 13.7～17.1μm，孔口略突起。分生孢子透明、椭圆形，顶端渐尖，基部略圆或截形，直或微弯，多为 3 隔膜，大小为（44.6～51.5）μm×1.03μm，少为 1 或 4 隔膜，隔膜处略紧缩，成熟的分生孢子每一细胞内含 1～2 滴油点。分生孢子梗透明、短，大小为（2.1～3.4）μm×3.4μm。菌丝体生长的最适温度为 28℃，高于 34℃或低于 10℃时停止生长。最适 pH 为 5.5～6.5，pH 为 4.0～8.5 均能生长。完全黑暗条件下生长最佳，分生孢子在水中几个小时内即可萌发。

4. 侵染途径 主要以菌丝在成熟的甘蔗植株或残留田间的病株残体上越冬，成为第二年的初侵染源，该菌不能通过土壤、种苗或农具传播，主要通过大风和雨露传播。田间甘蔗叶组织中的病菌，于条件适宜时产生分生孢子器。分生孢子器在空气潮湿时排出大量分生孢子，分生孢子随风雨传播，落在甘蔗叶面后，萌发形成附着胞，随后自表皮下保卫细胞侵入引起发病。病菌侵入后周围组织细胞变为红色至红褐色，出现初期病斑，随着病情发展，病斑上产生分生孢子器并排出大量分生孢子成为病害再侵染源，分生孢子借风雨传播使病害蔓延扩大。

5. 发病条件 甘蔗壳多胞叶枯病的发生与气候、品种密切相关。在我国台湾地区，雨后病害传播较快，特别是夏季高温多雨天气更有助于病害的传播和蔓延。久旱后遇雨或干旱后灌水过多，都易诱发此病，7—10 月极易发生流行；3—5 月少雨，春植蔗和宿根蔗上很少看到此病。旱地蔗较水田蔗发病重。该病的感病品种主要有 Co290、H37－1933、H44－3098、SP70－1284、ROC10、桂糖 11 号、桂糖 04－153、闽糖 69－421、粤糖 93－159、粤糖 96－86、云蔗 99－91、云蔗 03－258、福农 30 号、福农 03－35、赣南

02-70 等；在干旱的秋季，感病品种表现典型而严重的叶焦症状。

(五) 甘蔗线条病

甘蔗线条病是由甘蔗线条病毒引起的病毒病害，也是一种重要的检疫性病害。主要分布集中于非洲和南亚的贝宁、佛得角、科特迪瓦、埃及、印度、肯尼亚、马德拉群岛、马拉维、毛里求斯、莫桑比克、巴基斯坦、留尼汪岛、南非、苏丹、乌干达、津巴布韦等国家和地区。该病害侵染甘蔗可导致 8%～11%的产量损失，严重时可达 50%以上。南非的甘蔗品种 Uba 在 20 世纪 20—30 年代普遍感病，后于 1935—1945 年用抗病品种替代 Uba 后该病害发生率降低。埃及在 20 世纪 70 年代普遍发生该病害，后大面积种植抗病性强的甘蔗品种 C9，该病害得到有效控制。

1. 主要症状　甘蔗叶片受侵染后，沿叶脉出现很多小的透明斑点或窄小条纹。条纹主要出现于叶片下部并且不规则分布，条纹宽 0.5～2.0mm、长 0.5～20mm。由带毒种茎长出的叶片，产生的症状条纹一般比较宽，这些条纹会逐渐扩展、相互接合而成为一种花叶症状。

2. 病原学名　*Sugarcane streak virus*，SSV。

3. 病原　病原病毒归属双生病毒科，玉米线条病毒属。病毒粒体为杆状双联体，大小为 30mm×20mm，基因组为环状单链 DNA，大小仅为 2 700 nt，正义链有 2 个开放阅读框（ORF），分别编码运动蛋白和外壳蛋白，负义链也有 2 个 ORF，经 mRNA 剪切合成复制酶蛋白。研究揭示，SSV 具有明显的“准种（Quasispe）”特征，即每个分离物实际上是一个包含有多个遗传变异类型的病毒群体，甚至从单一病株上获得的分离物也是如此。该病毒分布于叶肉细胞、茎尖分生细胞和韧皮部细胞，基因组在细胞核内复制。

4. 侵染途径　本病主要以带病蔗种作远距离传播和初侵染源，田间的染病蔗株是再次侵染源。据国外研究报道，田间传播介体是叶蝉属昆虫，特别是玉米叶蝉和二点叶蝉，以非持久性或半持久性方式传播。不能经汁液摩擦传播。侵染寄主主要是甘蔗和玉米。

第四章　甘蔗重要病害检测技术

全世界甘蔗有害生物种类多达1 770多种，其中甘蔗病害有120多种，我国发现的病害有60多种。FAO统计显示：全球农作物遭受病、虫、草等危害，收获前产量平均损失30%～35%，甘蔗有害生物造成甘蔗生产的潜在损失率达15%～30%。甘蔗病害成为甘蔗生产最大的威胁之一。尤其近年来，境外引种和蔗区间相互频繁调种为甘蔗重要病害的传播蔓延提供了条件，再加上蔗区生态环境的多样化和复杂化，病原致病性的分化，导致蔗区甘蔗病害病原种类复杂多样，给甘蔗安全生产带来了严重的隐患。在此背景下，甘蔗病害检测手段的应用显得特别重要。甘蔗病害诊断技术经历了内外部症状观察、显微镜检查、免疫技术，以及PCR快速检测4个阶段。

我国在甘蔗病害诊断方面的研究起步较晚，诊断方法主要以内外部症状观察和显微镜检查为主，免疫技术和PCR快速检测技术的应用还处于起始阶段。传统常用的病害鉴定检测方法是利用病害症状表型的数据调查等进行判断，或通过病菌分离纯化培养、病原形态学鉴定及血清学诊断等技术来检测病原菌，这些传统检测方法虽然较为直观，但是费时费力、灵敏性不足，还容易受病原菌浓度、环境条件、品种差异等多种因素的影响，容易误判、漏诊，不利于及时、准确地对病原菌进行检测和判定。酶联免疫技术快速、简单，但是需要有特异性的抗血清，且灵敏度不及分子检测技术，适用于田间大量样品的检测。病害的早期诊断和准确检测有助于提高甘蔗引种检疫效率，目前，大部分甘蔗生产国特别是法国、澳大利亚、美国、巴西和印度的甘蔗植保技术处于国际领先地位，组建了一批稳定的研究队伍，在引种、调种环节建立了严格的病虫害检疫制度；在病害检测及早期鉴定检测方面，建立了快速、灵敏的病害检测体系，可快速有效地对甘蔗重要病害病原进行诊断检测；明确监测病害的病原是科学有效防控甘蔗病害的基础和关键。

基于 PCR 原理的分子检测技术是一种灵敏度高、特异性强的快速检测技术，适用于口岸检测及隔离检验检疫阶段。聚合酶链式反应（polymerase chain reaction，PCR）是 1983 年由美国 PE－Cetus 公司的 Mullis 等发明的一种体外核酸扩增系统。PCR 技术具有快速、灵敏、操作简便等优点，已广泛应用于分子生物学、医学、微生物学等领域。通过引物设计，PCR 能特异性扩增某一目的 DNA 片段，因此在病原微生物检测上优于传统方法，特别是对于那些用常规方法研究较困难的植物病害。但是在病毒检测、基因表达量分析等实验中必须对目标核酸做出定量检测，这是普通 PCR 技术所不能胜任的。实时荧光定量 PCR 是 20 世纪 90 年代中期发展起来的核酸定量新技术，它通过检测 PCR 反应中荧光信号的变化来监测 PCR 扩增过程，与普通 PCR 相比具有诸多优点：①不需要 PCR 反应后的处理；②有很广的动力学范围，可以在很大浓度范围内（＞107 倍）进行定量检测；③可以做定量和定性分析。目前，该技术因其特异性强、灵敏性高、高通量、自动化程度高、重复性好、可准确定量等特点，同时还可实现实时检测和多重检测，因此，在分子诊断、基因表达、动植物检疫、食品安全检测等方面得到广泛应用。

本章汇总了甘蔗黑穗病、白条病、白叶病、斐济病、黄叶病、花叶病、线条病毒病、杆状病毒病和宿根矮化病等 9 种重要病害 11 种病原的分子快速检测技术，为甘蔗病害的有效诊断和防控、脱毒健康种苗检测及引种检疫提供了技术支撑。

一、甘蔗黑穗病检测技术

（一）甘蔗黑穗病 PCR 检测技术

1. DNA 提取 取 0.5g 甘蔗黑穗病菌孢子或病部组织于研钵中，加入液氮研磨成粉状。采用 DNA Kit 植物 DNA 提取试剂盒提取病原菌或叶片总 DNA，具体步骤按照说明书操作，提取后用核酸蛋白分析仪鉴定 DNA 质量。

2. 特异性 PCR 引物 甘蔗鞭黑穗病菌生活史中存在两种形式的菌株：不同交配型的单倍体及由相对性系不同的单倍体有性配合所产生的双核菌丝体。根据这一特点，基于 *Usilago maydis* bE mating－type 基因设计 1 对引物扩增甘蔗鞭黑穗病菌“＋”“－”交配型单倍体，其序列为上游引物 bE4：5'－CGCTCTGGTTCATCAACG－3'；下游引物 bE8：5'－TGCTGTCGATGGAAGGTGT－3'，目的片段长度为 420 bp。

3. PCR 检测体系 25μL 的 PCR 扩增体系中含 10×PCR Buffer 2.5μL，25mmol/L $MgCl_2$ 2.0μL，10mmol/L dNTPs 1.0μL，Taq（5 U/μL）0.2μL，上、下游引物（10μmol/L）各 2.0μL，DNA 模板 2.0μL，加灭菌超纯水 13.3μL。

PCR 反应程序为：94℃预变性 4min；94℃变性 30 s，55℃退火 30 s，72℃延伸 1min，35 个循环；最后 72℃延伸 10min。每个样品进行 3 次重复扩增检测。

4. 结果及判别 取 10μL PCR 反应产物于 1.0％琼脂糖凝胶进行电泳，用 BIO－RAD 凝胶成像系统观察、判别结果，扩增出大小为 420 bp 条带的样品为阳性，未扩增出大小为 420 bp 条带的样品为阴性。

（二）甘蔗黑穗病实时荧光定量 PCR 检测技术

1. DNA 提取 取新鲜蔗叶约 0.2 g 于研钵中，加入液氮研磨成粉状。采用植物 DNA 提取试剂盒提取叶片总 DNA，具体步骤按照说明书操作。样品 DNA 提取后，用核酸蛋白分析仪或紫外分光光度计鉴定样品 DNA 的质量。当 A_{260}/A_{280} 比值为 1.9～2.0 时，适用于 PCR 扩增。

2. 引物和 Taqman 探针

上游引物 bEQ－F：5'－TGAAAGTTCTCATGCAAGCC－3'。

下游引物 bEQ－R：5'－TGAGAGGTCGATTGAGGTTG－3'。

Taqman 探针序列为：bEQ－P：5'－FAM－TGCTCGACGCCAATTCGGAG－TAMRA－3'。

3. 实时荧光 PCR 检测体系　实时荧光定量 PCR 反应总体系为 25μL，包括 2×TaqMan Universal Master Mix 12.5μL、上下游引物和探针（10μmol/L）各加入 1.0μL、DNA 模板 1.0μL、ddH_2O 补足至 25μL；PCR 扩增程序为，52℃ 2min，95℃ 10min，95℃变性 15s，60℃退火 1min，40 个循环，在 60℃进行单点荧光检测。将样品在 ABI7500 荧光定量 PCR 仪上扩增，反应结束后，打开分析软件，仪器自动给出每个样品的 Ct 值，记录 Ct 值，分析检测结果。

4. 结果及判别　在空白对照及阴性对照无 Ct 值且无扩增曲线、阳性对照 Ct 值≤30.0，并出现典型扩增曲线的条件下：待测样品的 Ct 值≥40 时，判定为阴性，表示样品中不含甘蔗黑穗病菌；待测样品的 Ct 值≤35 时，判定为阳性，表示样品中含甘蔗黑穗病菌；待测样品 35＜Ct 值＜40 时，应重新进行测试，如果重新测试的 Ct 值≥40 时，判定阴性，如果重新测试的 Ct 值＜40，则判定阳性。

二、甘蔗白条病检测技术

（一）甘蔗白条病 PCR 检测技术

1. DNA 提取　样品取蔗叶或蔗茎。取蔗叶或去皮蔗茎 0.2 g 用液氮研磨成粉末状，蔗茎去皮后挤汁 1.0mL 放入 2mL 离心管中，按所选择的植物基因组 DNA 提取试剂盒推荐的操作方法提取样品 DNA，提取后用 Eppendorf AG2233 蛋白/核酸分析仪鉴定 DNA 质量。

2. 特异性 PCR 引物

上游引物 XaAlb2 - F3：5' - CACACACACAATACAGCATTGCGG - 3'。

下游引物 XaAlb2 - R3：5' - CCCAACTTACTTGAGGCTATGG - 3'。

预扩增片段大小约为 400bp。

3. PCR 检测体系 25μL 的 PCR 扩增反应体系中含 2×Taq PCR Master Mix 12.5μL，上、下游引物（10μmol/L）各1.0μL，DNA 模板（25ng/μL）1.0μL，加灭菌超纯水 9.5μL。PCR 扩增参数：95℃预变性 5min；94℃变性 30s，55℃退火30s，65℃延伸 1min，进行 31 个循环；最后 65℃延伸 3min。

4. 结果及判别 取 8μL PCR 反应产物于 1.5%琼脂糖凝胶进行电泳，用 BIO - RAD 凝胶成像系统观察、判别结果，扩增出大小约 400 bp 条带的样品为阳性，必要时进行测序；未扩增出大小约 400 bp 条带的样品，经重复 2 次 PCR 检测后仍未出现扩增条带时，判为阴性。

（二）甘蔗白条病菌实时荧光定量 PCR 检测技术

1. DNA 提取 选取可疑甘蔗病株的叶片或蔗茎，蔗茎无菌条件下去皮，榨取蔗汁 5mL，采用植物 DNA 提取试剂盒提取蔗汁总 DNA，具体步骤按照说明书操作，提取后用 Eppendorf AG2233 蛋白/核酸分析仪鉴定 DNA 质量。

2. 引物和 Taqman 探针

上游引物 Hrp - q5 - F：5' - CTGGTACTGCACCTGCTCTC - 3'。

下游引物 Hrp - q5 - R：5' - CTTCCGGGTAAGTGTTGGAC - 3'。

Taqman 探针序列为 Probe：FAM - 5' - ACGCCCACTGCAAGTCACCC - 3' - TAMRA。

3. 实时荧光 PCR 检测体系 采用实时荧光定量 PCR 试剂盒

进行 PCR 扩增，反应总体系为 25μL，包括 2×Taqman Universal Master Mix 12.5μL、上下游引物（10μmol/L）各 2.0μL、Taqman 探针（10μmol/L）0.75μL、DNA 模板（25ng/μL）2.0μL，加 ddH_2O 补齐至总体积为 25μL。PCR 扩增程序为：95℃预变性 10min，95℃变性15 s，60℃退火延伸 1min，40 个循环，在 60℃进行单点荧光检测。将样品在 ABI7500 荧光定量 PCR 仪上扩增，反应结束后，打开分析软件，仪器自动给出每个样品的 Ct 值，记录 Ct 值，分析检测结果。

4. 结果及判别 在空白对照及阴性对照无 Ct 值且无扩增曲线、阳性对照 Ct 值≤30.0，并出现典型扩增曲线的条件下：待测样品的 Ct≥40 时，判定为阴性，表示样品中不含甘蔗白条病菌；待测样品的 Ct 值≤35 时，判定为阳性，表示样品中含甘蔗白条病菌；待测样品 35<Ct 值<40 时，应重新进行测试，如果重新测试的 Ct 值≥40 时，判定为阴性，如果重新测试的 Ct 值<40，则判定为阳性。

三、甘蔗白叶病巢式 PCR 检测技术

1. DNA 提取 样品取蔗叶，去叶脉后留 0.2g 蔗叶，用液氮研磨成粉末状，按植物基因组 DNA 提取试剂盒推荐的操作方法提取样品总 DNA。

2. 特异性 PCR 引物 根据甘蔗白叶病菌基因组序列设计外引物对和内引物对两对特异引物。

（1）外引物对。上游引物 P1：5' - AAGAGTTTGATCCTGGCTCAGGATT - 3'；下游引物 P7：5' - CGTCCTTCATCGGCTCTT - 3'；预扩增片段大小约为 1 840 bp。

（2）内引物对。上游引物 R16F2n：5' - GAAACGA CTGCTAAGACTGG - 3'；下游引物 R16R2：5' - TGACGGGCGGTGTGTACAAACCCCG - 3'；预扩增片段大小约为 1 240 bp。

3. PCR 检测体系

（1）20μL PCR 扩增反应体系。2×Taq PCR Master Mix 8.0μL，上游外引物 P1（10μmol/L）0.3μL，下游外引物 P7（10μmol/L）0.3μL，DNA 模板（25ng/μL）3.0μL，PCR 水 8.4μL。第一轮 PCR 扩增程序为：95℃预变性 5min，94℃变性 1min，55℃退火 1min，72℃延伸 1min，25 个循环；最后 72℃延伸 10min。

（2）第二轮 PCR 反应体系。以第一轮 PCR 产物为模板 DNA，扩增体系 20μl：ddH_2O 10.6μL，2×PCR Taq Master Mix 8.0μL，DNA 模板 1μL，上下游引物各 0.2μL（20μg/μL）。第二轮 PCR 扩增程序为：95℃预变性 5min，94℃变性 1min，62℃退火 1min，72℃延伸 1min，35 个循环；最后 72℃延伸 10min。

4. 结果及判别 取 10μL PCR 反应产物于 1.0%琼脂糖凝胶进行电泳，用 BIO－RAD 凝胶成像系统观察、判别结果，扩增出大小约 1 240 bp 条带的样品为阳性，必要时进行测序；未扩增出大小约 1 240 bp 条带的样品，经重复 2 次 PCR 检测后仍未出现目标大小的扩增条带时，判定为阴性。

四、甘蔗斐济病 RT－PCR 检测技术

1. RNA 提取 取新鲜蔗叶 0.2g 于研钵中，加入液氮研磨成粉状。采用 RNA Kit 植物提取试剂盒提取叶片总 RNA，具体步骤按照说明书操作。样品 RNA 提取后，用核酸蛋白分析仪或紫外分光光度计鉴定样品 RNA 的质量。当 A_{260}/A_{280} 比值为 1.9～2.0 时，适用于 RT－PCR 扩增。

2. 特异性 PCR 引物 根据甘蔗斐济病毒片段 9（S_9）基因组保守序列设计特异性引物。

其序列为上游引物 FDV7F：5’－CCGAGTTACGGTCAGACTGTTCTT－3’；下游引物 FDV7R：5’－CAGTGGTGACGAAATGATGGCGA－3’；预扩增片段大小约为 450 bp。

3. PCR 检测体系　采用 RT－PCR 一步法试剂盒进行。在 0.5mL PCR 管中加入 1.0μL RNA 模板，上、下游引物（10μmol/L）各 0.25μL 和 ddH_2O 11.0μL，混匀，在 PCR 扩增仪上加热至 99℃变性 2min，后立即置于冰上。在以上变性混合液中依次加入 5×Buffer5.0μL、10%PVP2.5μL、DTT（100mmol/L）1.25μL、100%DMSO1.25μL、5%BSA1.0μL、dNTPs（20mmol/L）0.5μL、复合酶 1.0μL；反应总体积为25μL。PCR 反应程序：57℃加热 30min，95℃预热 2min；进行 35 次循环（95℃变性 1min，57℃退火 1min，72℃延伸 1min）；72℃延伸 10min。每个样品进行 3 次重复扩增检测。

4. 结果及判别　取 8μL PCR 反应产物于 1.0%琼脂糖凝胶进行电泳，用 BIO－RAD 凝胶成像系统观察、判别结果，扩增出大小约 450bp 条带的样品为阳性，必要时进行测序；未扩增出大小约 450bp 条带的样品，经重复 2 次 PCR 检测后仍未出现目标大小的扩增条带时，判定为阴性。

五、甘蔗黄叶病毒（SCYLV）检测技术

（一）甘蔗黄叶病毒 RT－PCR 检测技术

1. RNA 提取　取新鲜蔗叶 0.2g 于研钵中，加入液氮研磨成粉状。采用 RNA Kit 植物提取试剂盒提取叶片总 RNA，具体步骤按照说明书操作。样品 RNA 提取后，用核酸蛋白分析仪或紫外分光光度计鉴定样品 RNA 的质量。当 A_{260}/A_{280} 比值为 1.9～2.0 时，适用于 RT－PCR 扩增。

2. 特异性 PCR 引物　根据甘蔗黄叶病毒 SCYLV 基因组片段设计特异引物。

上游引物 SCYLVf1：5'－GACAGACTCGGCCAGTGGTCGTG－3'。

下游引物 SCYLVr1：5'－GTAAGCCATTGTTGAACGCTGCG －3'。

预扩增片段大小约为 219 bp。

3. PCR 检测体系　采用 RT－PCR 一步法试剂盒进行。在

0.5mL PCR 管中加入 1.0μL RNA 模板、上下游引物（10μmol/L）各 1.0μL、5 × Buffer5.0μL、10mmol/L dNTPs0.5μL、RNAase 抑制剂（10U/μL）0.25μL、RT - PCR Mix 1μL、ddH_2O 15.25μL，反应总体积为 25μL。PCR 反应程序为：50℃进行 cDNA 合成 30min；95℃预变性 5min；进行 35 次扩增循环（94℃变性 1min，71℃退火 1min，72℃延伸 30s）；72℃延伸 10min。反应程序结束后，取出 PCR 反应管并在 4℃条件下保存。每个样品进行 3 次重复扩增检测。

4. 结果及判别 取 8μL PCR 反应产物于 1.0%琼脂糖凝胶进行电泳，用 BIO - RAD 凝胶成像系统观察、判别结果，扩增出大小约 219bp 条带的样品为阳性，必要时进行测序；未扩增出大小约 219bp 条带的样品，经重复 2 次 PCR 检测后仍未出现目标大小的扩增条带时，判定为阴性。

（二）甘蔗黄叶病毒实时荧光定量 RT - PCR 检测技术

1. RNA 提取 取新鲜蔗叶 0.2g 于研钵中，加入液氮研磨成粉状。采用 RNA Kit 植物 RNA 提取试剂盒提取叶片总 RNA，具体步骤按照说明书操作。样品 RNA 提取后，用 Eppendorf AG2233 蛋白/核酸分析仪鉴定 RNA 质量。

2. 引物和 Taqman 探针

上游引物 ScYLV - F：5’ - TTCAGTATAACTCATGCTCCTCCG - 3’。

下游引物 ScYLV - R：5’ - ACTTTCTTGGCGTTCCTCTTG - 3’。

Taqman 探针序列为：ScYLV - P：5’ - FAM - CGCAACTCCAGGTGCAATCGC - TAMRA - 3’。

3. 实时荧光 RT - PCR 检测体系 以 oligodT 为反转录引物，实时荧光定量 RT - PCR 反应总体系为 25μL，反应成分包括 2× Taqman Universal Master Mix 12.5μL、上下游引物（10μmol/L）各 1.0μL、Taqman 探针（10μmol/L）1.0μL、cDNA 模板 1.0μL，加 ddH_2O 至总体积为 25μL。PCR 扩增程序为：95℃预变性

10min，95℃变性 15 s，60℃退火延伸 30 s，40 个循环；在 60℃进行单点荧光检测。将样品在 ABI7500 荧光定量 PCR 仪上扩增，反应结束后，打开分析软件，仪器自动给出每个样品的 Ct 值，记录 Ct 值，分析检测结果。

4. 结果及判别　在空白对照及阴性对照无 Ct 值且无扩增曲线、阳性对照 Ct 值≤30.0，并出现典型扩增曲线的条件下：待测样品的 Ct 值≥40 时，判定为阴性，表示样品中不含甘蔗黄叶病毒；待测样品的 Ct 值≤35 时，判定为阳性，表示样品中含甘蔗黄叶病毒；待测样品 35<Ct 值<40 时，应重新进行测试，如果重新测试的 Ct 值≥40 时，判定为阴性；如果重新测试的 Ct 值<40，则判定为阳性。

六、甘蔗条纹花叶病毒（SCSMV）检测技术

（一）甘蔗条纹花叶病毒 RT－PCR 检测技术

1. RNA 提取　取新鲜蔗叶 0.2 g 于研钵中，加入液氮研磨成粉状。采用 RNA Kit 植物提取试剂盒提取叶片总 RNA，具体步骤按照说明书操作。样品 RNA 提取后，用核酸蛋白分析仪或紫外分光光度计鉴定样品 RNA 的质量。当 A_{260}/A_{280} 比值为 1.9～2.0 时，适用于 RT－PCR 扩增。

2. 特异性 PCR 引物　根据 GenBank 登录的 SCSMV 外壳蛋白（CP）基因保守序列设计特异性引物。

上游引物 SCSMV－F：5'－ACAAGGAACGCAGCCACCT－3'。

下游引物 SCSMV－R：5'－ACTAAGCGGTCAGGCAAC－3'。

预扩增片段大小约为 939 bp。

3. PCR 检测体系　用 Trans Script One－Step gDNA Removal and cDNA Synthesis Supermix 试剂盒进行反转录。反转录程序：10μL RT 体系中含 2×TS Reaction Mix 5μL、DEPC 水 1.5μL、0.5μg/μL Oligod（T）$_{18}$ 0.5μL、RT/RI Enzyme Mix 0.5μL、gDNA Remover 0.5μL、RNA 2.0μL；RT 反应条件是：25℃ 10min，

42℃ 30min。PCR 程序：20μL PCR 体系中含 ddH_2O 9.6μL、2×PCR Taq Mix 8.0μL、cDNA 模板 2.0μL、上下游引物（20μg/μL）各 0.2μL；PCR 扩增程序为：94℃预热 5min；94℃变性 30s，50℃退火 30s，72℃延伸 1min，进行 35 次循环；最后 72℃延伸 10min。每个样品进行 3 次重复扩增检测。

4. 结果及判别 取 8μL PCR 反应产物于 1.0%琼脂糖凝胶进行电泳，用 BIO－RAD 凝胶成像系统观察、判别结果，扩增出大小约 939bp 条带的样品为阳性，必要时进行测序；未扩增出大小约 939bp 条带的样品，经重复 2 次 PCR 检测后仍未出现目标大小的扩增条带时，判定为阴性。

（二）甘蔗条纹花叶病毒实时荧光定量 RT－PCR 检测技术

1. RNA 提取 取新鲜蔗叶 0.2 g 于研钵中，加入液氮研磨成粉状，或蔗茎蔗汁 1 ml，采用 RNA Kit 植物 RNA 提取试剂盒提取叶片总 RNA，具体步骤按照说明书操作。样品 RNA 提取后，用 Eppendorf AG2233 蛋白/核酸分析仪鉴定 RNA 质量。

2. 引物和 Taqman 探针

上游引物 SCSMV－F：5'－CGGGAAACCCATAATACCAC －3'。

下游引物 SCSMV－R：5'－GTCGATTTCTGCTGGTGAGA－3'。

Taqman 探针序列为：SCSMV－P：5'－FAM－TGCTGCATTGATTTCGTGATGGTG－TAMRA－3'。

3. 实时荧光 PCR 检测体系 实时荧光定量 PCR 反应总体系为 25μL，包括 2×Taqman Universal Master Mix 12.5μL、上下游引物和探针（10μmol/L）各加入 1.0μL、DNA 模板 1.0μL、ddH_2O 补足至 25μL。PCR 扩增程序为：52℃ 2min，95℃ 10min，95℃变性 15 s，60℃退火 1min，40 个循环；在 60℃进行单点荧光检测。将样品在 ABI7500 荧光定量 PCR 仪上扩增，反应结束后，打开分析软件，仪器自动给出每个样品的 Ct 值，记录 Ct 值，分析检测结果。

4. 结果及判别 在空白对照及阴性对照无 Ct 值且无扩增曲线、阳性对照 Ct 值≤30.0，并出现典型扩增曲线的条件下：待测样品的 Ct 值≥40 时，判定为阴性，表示样品中不含 SCSMV；待测样品的 Ct 值≤35 时，判定为阳性，表示样品中含 SCSMV；待测样品 35<Ct 值<40 时，应重新进行测试，如果重新测试的 Ct 值≥40 时，判定为阴性，如果重新测试的 Ct 值<40，则判定为阳性。

七、甘蔗花叶病毒(SCMV)RT-PCR 检测技术

1. RNA 提取 取新鲜蔗叶 0.2 g 于研钵中，加入液氮研磨成粉状。采用 RNA Kit 植物提取试剂盒提取叶片总 RNA，具体步骤按照说明书操作。样品 RNA 提取后，用核酸蛋白分析仪或紫外分光光度计鉴定样品 RNA 的质量。当 A_{260}/A_{280} 比值为 1.9～2.0 时，适用于 RT-PCR 扩增。

2. 特异性 PCR 引物 根据 SCMV 病毒外壳蛋白（CP）基因保守序列设计特异性引物。

上游引物 SCMV-F：5'-GATGCAGGVGCHCAAGGRGG-3'。

下游引物 SCMV-R：5'-GTGCTGCTGCACTCCCAACAG-3'。

目的片段长度约为 924 bp。

3. RT-PCR 检测体系 采用宝生物工程（大连）有限公司的 Prime Script One Step RT-PCR Kit Ver. 2 试剂盒进行，反应体系参照试剂盒说明。50μL RT-PCR 反应体系中总 RNA 约 0.08μg/μL、Prime Script 1 Step Enzyme Mix 2.0μL、2×1Step Buffer 25.0μL、引物 SCMV-F 和 SCMV-R（20μmol/L）各 1.0μL，用 DEPC ddH_2O 补足至 50.0μL。

4. 结果及判别 取 8μL PCR 反应产物于 1.0%琼脂糖凝胶进行电泳，用 BIO-RAD 凝胶成像系统观察、判别结果，扩增出大小约 924 bp 条带的样品为阳性，必要时进行测序；未扩增出大小约 924 bp 条带的样品，经重复 2 次 PCR 检测后仍未出现目标大小

的扩增条带时，判定为阴性。

八、甘蔗高粱花叶病毒（SrMV）RT－PCR 检测技术

1. RNA 提取 取新鲜蔗叶 0.2 g 于研钵中，加入液氮研磨成粉状。采用 RNA Kit 植物提取试剂盒提取叶片总 RNA，具体步骤按照说明书操作。样品 RNA 提取后，用核酸蛋白分析仪或紫外分光光度计鉴定样品 RNA 的质量。当 A_{260}/A_{280} 比值大于 2.0，适用于 RT－PCR 扩增。

2. 特异性 PCR 引物 根据 GenBank 登录的 SrMV 外壳蛋白（CP）基因保守序列设计特异性引物。

上游引物 SrMV－F：5'－CATCARGCAGGCGGYAC－3'。

下游引物 SrMV－R：5'－TTTCATCTGCATGTGGGCCTC －3'。

预扩增片段大小约为 828 bp。

3. PCR 检测体系 用 Trans Script One－Step gDNA Removal and cDNA Synthesis Supermix 试剂盒进行反转录。反转录程序：10μL RT 体系中含 2×TS Reaction Mix 5μL、DEPC 水 1.5μL、0.5μg/μL Oligod（T）$_{18}$ 0.5μL、RT/RI Enzyme Mix 0.5μL、gDNA Remover 0.5μL、RNA 2.0μL；RT 反应条件是：25℃ 10min，42℃ 30min。20μL PCR 体系中含 ddH_2O 7.2μL、2×PCR Taq mix 10.0μL，cDNA 模板 2.0μL，上、下游引物（20μg/μL）各 0.4μL；PCR 扩增程序为：94℃预变性 5min；94℃变性 30s，60℃退火 30 s，72℃ 延伸 1min，进行 35 次循环；最后 72℃ 延伸 10min。每个样品进行 3 次重复扩增检测。

4. 结果及判别 取 8μL PCR 反应产物于 1.0％琼脂糖凝胶进行电泳，用 BIO－RAD 凝胶成像系统观察、判别结果，扩增出大小约 828bp 条带的样品为阳性，必要时进行测序；未扩增出大小约 828bp 条带的样品，经重复 2 次 PCR 检测后仍未出现目标大小的扩增条带时，判定为阴性。

九、甘蔗线条病毒（SSV）检测技术

（一）甘蔗线条病毒 PCR 检测技术

1. DNA 提取　取新鲜蔗叶约 0.2 g 于研钵中，加入液氮研磨成粉状。采用植物 DNA 提取试剂盒提取叶片总 DNA，具体步骤按照说明书操作。样品 DNA 提取后，用核酸蛋白分析仪或紫外分光光度计鉴定样品 DNA 的质量。当 A_{260}/A_{280} 比值为 1.9～2.0 时，适用于 PCR 扩增。

2. 特异性 PCR 引物　根据 SSV 基因组保守区域设计特异引物。

上游引物 SSV－F：5'－TCTCAAGCCAGGTATTTATTGC －3'。

下游引物 SSV－R：5'－ATGAAGACGGAGGGTATCACAT －3'。

预扩增片段大小约为 465 bp。

3. PCR 检测体系　在 0.5mL PCR 管中按序加入 ddH_2O 7.6μL、2×PCR Taq Mix 10μL、DNA 模板 2μL、上下游引物（20μmol/L）各 0.2μL；加完后低速离心 10s 后放进 PCR 仪，94℃预变性 5min，94℃变性 35s，54℃退火 35s，72℃延伸 35s，30 个循环；最后 72℃延伸 10min。每个样品进行 3 次重复扩增检测。

4. 结果及判别　取 8μL PCR 反应产物于 1.5％琼脂糖凝胶进行电泳，用 BIO－RAD 凝胶成像系统观察、判别结果，扩增出大小约 465bp 条带的样品为阳性，必要时进行测序；未扩增出大小约 465bp 条带的样品，经重复 2 次 PCR 检测后仍未出现目标大小的扩增条带时，判定为阴性。

（二）甘蔗线条病毒实时荧光 PCR 检测技术

1. DNA 提取　取新鲜蔗叶约 0.2 g 于研钵中，加入液氮研磨成粉状。采用植物 DNA 提取试剂盒提取叶片总 DNA，具体步骤按照说明书操作。样品 DNA 提取后，用核酸蛋白分析仪或紫外分光光度计鉴定样品 DNA 的质量。当 A_{260}/A_{280} 比值为 1.9～2.0 时，

适合于 PCR 扩增。

2. 引物探针

（1）引物序列为上游引物 SSV－Fq：5'－CCTCTCTCCCAGTATGTA－3'；下游引物 SSV－Rq：5'－TGTCCATTAGAACCTGAA －3'。

（2）探针序列为：SSV － P：5' － FAM － CGTATGCTCTGACCTTGTTGGC－TAMRA－3'。

3. 实时荧光 PCR 检测体系 在 0.5mL PCR 管中加入 ddH_2O 17.3μL、10×PCR Buffer 2.5μL、上下游引物和探针（10μmol/L）各加入 1.0μL、Taq DNA 聚合酶（5 U/μL）0.2μL、DNA 模板 2μL；加完后低速离心 10 s 后放进 PCR 仪，95℃预变性 5min，95℃变性 5 s，60℃退火 30 s，40 个循环；最后在 60℃进行单点荧光检测。将样品在 ABI7500 荧光定量 PCR 仪上扩增，反应结束后，打开分析软件，仪器自动给出每个样品的 Ct 值，记录 Ct 值，分析检测结果。

4. 结果及判别 在空白对照及阴性对照无 Ct 值且无扩增曲线、阳性对照 Ct 值≤30 并出现典型扩增曲线的条件下：待测样品的 Ct 值≥40 时，判定为 SSV 阴性；待测样品的 Ct 值≤35 时，判定为 SSV 阳性；待测样品 35＜Ct 值＜40 时，应重新进行测试，如果重新测试的 Ct 值≥40 时，判定为 SSV 阴性，如果重新测试的 Ct 值＜40，则判定为 SSV 阳性。

十、甘蔗杆状病毒（SCBV）检测技术

（一）甘蔗杆状病毒 PCR 检测技术

1. DNA 提取 取新鲜蔗叶约 0.2 g 于研钵中，加入液氮研磨成粉状。采用植物 DNA 提取试剂盒提取叶片总 DNA，具体步骤按照说明书操作。样品 DNA 提取后，用核酸蛋白分析仪或紫外分光光度计鉴定样品 DNA 的质量。当 A_{260}/A_{280} 比值为 1.9～2.0 时，适用于 PCR 扩增。

2. 特异性 PCR 引物 根据 SCBV 基因组保守区域设计特异

引物。

上游引物 PC1：5’-AACCAGATCCGAGATTACAGAAG -3’。

下游引物 PC2：5’-TCACCTTGCCAACCTTCATA-3’。

预扩增片段大小约为 589 bp。

3. PCR 检测体系　在 0.5mL PCR 管中按序加入 ddH_2O 7.6μL、2×PCR Taq Mix 10μL、DNA 模板 2μL、上下游引物（20μmol/L）各 0.2μL；加完后低速离心 10 s 后放进 PCR 仪，94℃预变性 2min，94℃变性 30 s，50℃退火 30 s，72℃延伸1min，30 个循环；最后 72℃延伸 5min。每个样品进行 3 次重复扩增检测。

4. 结果及判别　取 8μL PCR 反应产物于 1.5％琼脂糖凝胶进行电泳，用 BIO-RAD 凝胶成像系统观察、判别结果，扩增出大小约 589 bp 条带的样品为阳性，必要时进行测序；未扩增出大小约 589 bp 条带的样品，经重复 2 次 PCR 检测后仍未出现目标大小的扩增条带时，判定为阴性。

（二）甘蔗杆状病毒实时荧光定量 PCR 检测技术

国际病毒分类委员会（ICTV）于 2012 年将 SCBV 的 2 个分离物正式定为甘蔗杆状 IM 病毒（*Sugarcane bacilliform IM virus*，SCBIMV）和甘蔗杆状 MO 病毒（*Sugarcane bacilliform MO virus*，SCBMOV）两个不同的种。

1. DNA 提取　样品取蔗叶或蔗茎。取蔗叶或去皮蔗茎 0.2g 用液氮研磨成粉末状，蔗茎去皮后挤汁 1.0 mL 放入 2 mL 离心管中，按所选择的植物基因组 DNA 提取试剂盒推荐的操作方法提取样品 DNA，提取后用 Eppendorf AG2233 蛋白/核酸分析仪鉴定 DNA 质量。

2. 引物和 Taqman 探针

（1）用于检测 SCBIMV 病毒种引物序列为上游引物 IM-QF：5’-ACAAAAGGCTGAATGACAACACA - 3’；下游引物 IM-QR：5’-TTGCTACATTTTTCAGTAATGCATTG-3’；预扩增

片段大小约为 79bp。

用于检测 SCBIMV 病毒种 Taqman 探针序列为 IM－QP：5'－FAM－CCTGATCAGTACTCACTGCCCGGGA－TAMRA－3'。

（2）用于检测 SCBMOV 病毒种引物序列为上游引物 MOR－QF：5'－CAGCTCATTGTATGCTGAAAATGC－3'；下游引物 MOR－QR：5'－GTTTGATTTGAAGAGCGGGTTT－3'；预扩增片段大小约为 85bp。

用于检测 SCBMOV 病毒种 Taqman 探针序列为 MOR－QP：5'－FAM－TGGAATACTTTCTTCATCCATGGCGACTTG－TAMRA－3'。

3. 实时荧光 PCR 检测体系 采用 ABI 公司的实时荧光定量 PCR 试剂盒进行 PCR 扩增，反应总体系为 25μL，包括 2×Taqman Universal Master Mix 12.5μL、上下游引物（10μmol/L）各 2.25μL、Taqman 探针（10μmol/L）0.625μL、DNA 模板 1.0μL，加 ddH_2O 至总体积为 25μL；PCR 扩增程序为：50℃酶解 2min，95℃预变性 10min，95℃变性 15 s，60℃退火延伸 1min，40 个循环；最后在 60℃进行单点荧光检测。将样品在 ABI7500 荧光定量 PCR 仪上扩增，反应结束后，打开分析软件，仪器自动给出每个样品的 Ct 值，记录 Ct 值，分析检测结果。

4. 结果及判别 在空白对照及阴性对照无 Ct 值且无扩增曲线、阳性对照 Ct 值≤30 并出现典型扩增曲线的条件下：待测样品的 Ct 值≥40 时，判定为阴性，表示样品中不含甘蔗杆状病毒；待测样品的 Ct 值≤35 时，判定为阳性，表示样品中含甘蔗杆状病毒；待测样品 35＜Ct 值＜40 时，应重新进行测试，如果重新测试的 Ct 值≥40 时，判定为阴性；如果重新测试的 Ct 值＜40，则判定为阳性。

十一、甘蔗宿根矮化病（RSD）检测技术

（一）甘蔗宿根矮化病 PCR 检测技术

1. DNA 提取 每个样品取 2 000μL 蔗汁放入离心管中，

12 000r/min 离心 10min，弃上清液。采用植物 DNA 提取试剂盒提取叶片总 DNA，具体步骤按照说明书操作，提取后用 Eppendorf AG2233 蛋白/核酸分析仪鉴定 DNA 质量。

2. 特异性 PCR 引物 根据甘蔗宿根矮化病菌 16S－23S rDNA 基因间隔区序列设计特异引物。

上游引物 Lxx1：5'－CCGAAGTGAGCAGATTGACC－3'。

下游引物 Lxx2：5'－ACCCTGTGTTGTTTTCAACG－3'。

预扩增片段大小约为 438 bp。

3. PCR 检测体系 在 0.5mL PCR 管中加入 2×Taq PCR Master Mix 8μL，DNA 模板 3μL，上下游引物（20μg/μL）各 0.2μL，ddH_2O 8.6μL，总体积为 20μL；扩增程序为：95℃预变性 5min，94℃变性 30 s，56℃退火 30 s，72℃延伸 1min，35 个循环；最后 72℃延伸 5min。每个样品进行 3 次重复扩增检测。

4. 结果及判别 取 8μL PCR 反应产物于 1.5%琼脂糖凝胶进行电泳，用 BIO－RAD 凝胶成像系统观察、判别结果，扩增出大小约 438bp 条带的样品为阳性，必要时进行测序；未扩增出大小约 438bp 条带的样品，经重复 2 次 PCR 检测后仍未出现目标大小的扩增条带时，判定为阴性。

（二）甘蔗宿根矮化病实时荧光定量 PCR 检测技术

1. DNA 提取 样品取蔗茎下部 1～4 节间，无菌条件下去皮，榨取蔗汁 2 000μL，采用植物 DNA 提取试剂盒提取蔗汁总 DNA，具体步骤按照说明书操作，提取后用 Eppendorf AG2233 蛋白/核酸分析仪鉴定 DNA 质量。

2. 引物和 Taqman 探针

上游引物 Pat1－F：5'－GGTTCCATTGCTTACCGATT－3'。

下游引物 Pat1－R：5'－CAAGTTTCGACAGGAACAGC－3'。

Taqman 探针序列为：5'－FAM－CCACGGCTACGTCAATTCGGG－TAMRA－3'。

3. 实时荧光 PCR 检测体系 采用 ABI 公司的实时荧光定量

PCR 试剂盒进行 PCR 扩增，反应总体系为 25μL，包括 2×Taqman Universal Master Mix 12.5μL、上下游引物（10μmol/L）各 0.4μL、Taqman 探针（10μmol/L）0.2μL、DNA 模板（100ng/μL）1.0μL，加 ddH_2O 至总体积为 25μL。PCR 扩增程序为：50℃酶解 2min，95℃ 预变性 10min，95℃变性 15s，60℃退火延伸 1min，40 个循环；最后在 60℃进行单点荧光检测。将样品在 ABI7500 荧光定量 PCR 仪上扩增，反应结束后，打开分析软件，仪器自动给出每个样品的 Ct 值，记录 Ct 值，分析检测结果。

4. 结果及判别 在空白对照及阴性对照无 Ct 值且无扩增曲线、阳性对照 Ct 值≤30 并出现典型扩增曲线的条件下：待测样品的 Ct 值≥40 时，判定为阴性，表示样品中不含甘蔗宿根矮化病菌；待测样品的 Ct 值≤35 时，判定为阳性，表示样品中含甘蔗宿根矮化病菌；待测样品 35＜Ct 值＜40 时，应重新进行测试，如果重新测试的 Ct 值≥40 时，判定为阴性，如果重新测试的 Ct 值＜40，则判定为阳性。

主要参考文献

安玉兴，杨军先，黄振瑞，等，2009. 甘蔗有害生物可持续控制的思考与探讨（上）[J]. 甘蔗糖业（3）：15－20.

陈艳，2003. 杆草螟几种主要害虫及其检疫处理 [J]. 植物检疫，17（4）：223－225.

黄应昆，李文凤，2002. 甘蔗主要病虫草害原色图谱 [M]. 昆明：云南科技出版社.

黄应昆，李文凤，卢文洁，等，2010. 甘蔗引种检疫与抗病育种技术 [M]. 昆明：云南科技出版社.

李文凤，王晓燕，黄应昆，等，2010. 潜在的检疫性甘蔗有害生物 [J]. 植物保护，36（5）：174－178.

李文凤，王晓燕，黄应昆，等，2016. 甘蔗重要病害分子检测技术 [J]. 植物保护，42（5）：125－130.

李杨瑞，2019. 关于广西的甘蔗育种 [J]. 广西糖业（3）：3－9.

刘跃庭，崔铁军，牛春敬，等，2013. 关注甘蔗上的检疫性真菌——甘蔗凋萎病菌 [J]. 植物检疫，27（2）：76－79.

沈万宽，黄鸿能，2000. 甘蔗引种若干问题 [J]. 甘蔗糖业（3）：1－4.

王伯辉，1999. 广西甘蔗引种的检疫问题 [J]. 广西蔗糖（4）：18－20.

王伯辉，2007. 我国甘蔗病害的发生现状与研究进展 [J]. 中国糖料（3）：48－51.

王恒波，陈平华，高三基，等，2015. 甘蔗宿根矮化病菌实时荧光定量 PCR 检测方法的建立 [J]. 植物病理学报，45（3）：232－238.

王洪星，龚殿，张雨良，等，2013. 甘蔗黄叶病毒实时荧光 RT－PCR 检测体系研究 [J]. 中国糖料（1）：1－4.

王建南，陈如凯，1995. 国内外开展甘蔗引种检疫的新进展 [J]. 甘蔗，2（1）：60－64.

王晓燕，李文凤，黄应昆，等，2016. 国外引进甘蔗材料白叶病植原体巢式

PCR 检测及其序列分析 [J]. 植物保护，42 (2)：142 - 145.
韦金菊，魏春燕，宋修鹏，等，2018. 广西北海蔗区甘蔗白条病发生情况调查 [J]. 南方农业学报，49 (2)：264 - 270.
韦金菊，周会，李海碧，等，2021. 广西近 40 年甘蔗种质资源引进及利 [J]. 南方农业学报，52 (2)：280 - 287.
韦明珠，黄吉森，1996. 广西甘蔗品种的引进与利用 [J]. 广西农业科学 (4)：168 - 170.
魏春燕，韦金菊，张保青，2017. 甘蔗白叶病研究概况 [J]. 南方农业学报，48 (11)：2016 - 2022.
游建华，1999. 广西甘蔗引种的回顾与展望 [J]. 甘蔗，6 (3)：41 - 46.
周卫川，蔡金发，1991. 台湾甘蔗病害检疫重要性评价 [J]. 台湾农业情况 (1)：28 - 29.

附录一　中华人民共和国进境植物检疫性有害生物名录*

［2007年5月28日发布435种（属）、2009年2月3日增补1种、2010年10月20日增补1种、2011年6月20日增补2种（属）、2012年9月17日增补1种、2013年3月6日增补1种、2021年4月9日增补5种］

昆虫

1. *Acanthocinus carinulatus*（Gebler）　白带长角天牛
2. *Acanthoscelides obtectus*（Say）　菜豆象
3. *Acleris variana*（Fernald）　黑头长翅卷蛾
4. *Agrilus* spp.（non-Chinese）　窄吉丁(非中国种)
5. *Aleurodicus dispersus* Russell　螺旋粉虱
6. *Anastrepha* Schiner　按实蝇属
7. *Anthonomus grandis* Boheman　墨西哥棉铃象
8. *Anthonomus quadrigibbus* Say　苹果花象
9. *Aonidiella comperei* McKenzie　香蕉肾盾蚧
10. *Apate monachus* Fabricius　咖啡黑长蠹
11. *Aphanostigma piri*（Cholodkovsky）　梨矮蚜
12. *Arhopalus syriacus* Reitter　辐射松幽天牛
13. *Bactrocera* Macquart　果实蝇属
14. *Baris granulipennis*（Tournier）　西瓜船象
15. *Batocera* spp.（non-Chinese）　白条天牛(非中国种)

* 本名录更新至2021年4月9日。

16. *Brontispa longissima* (Gestro) 椰心叶甲
17. *Bruchidius incarnates* (Boheman) 埃及豌豆象
18. *Bruchophagus roddi* Gussak 苜蓿籽蜂
19. *Bruchus* spp. (non-Chinese) 豆象(属)(非中国种)
20. *Cacoecimorpha pronubana* (Hübner) 荷兰石竹卷蛾
21. *Callosobruchus* spp. [*maculatus* (F.) and non-Chinese] 瘤背豆象(四纹豆象和非中国种)
22. *Carpomya incompleta* (Becker) 欧非枣实蝇
23. *Carpomya vesuviana* Costa 枣实蝇
24. *Carulaspis juniperi* (Bouchè) 松唐盾蚧
25. *Caulophilus oryzae* (Gyllenhal) 阔鼻谷象
26. *Ceratitis* Macleay 小条实蝇属
27. *Ceroplastes rusci* (L.) 无花果蜡蚧
28. *Chionaspis pinifoliae* (Fitch) 松针盾蚧
29. *Choristoneura fumiferana* (Clemens) 云杉色卷蛾
30. *Conotrachelus* Schoenherr 鳄梨象属
31. *Contarinia sorghicola* (Coquillett) 高粱瘿蚊
32. *Coptotermes* spp. (non-Chinese) 乳白蚁(非中国种)
33. *Craponius inaequalis* (Say) 葡萄象
34. *Crossotarsus* spp. (non-Chinese) 异胫长小蠹(非中国种)
35. *Cryptophlebia leucotreta* (Meyrick) 苹果异形小卷蛾
36. *Cryptorrhynchus lapathi* L. 杨干象
37. *Cryptotermes brevis* (Walker) 麻头砂白蚁
38. *Ctenopseustis obliquana* (Walker) 斜纹卷蛾
39. *Curculio elephas* (Gyllenhal) 欧洲栗象
40. *Cydia janthinana* (Duponchel) 山楂小卷蛾
41. *Cydia packardi* (Zeller) 樱小卷蛾
42. *Cydia pomonella* (L.) 苹果蠹蛾
43. *Cydia prunivora* (Walsh) 杏小卷蛾
44. *Cydia pyrivora* (Danilevskii) 梨小卷蛾

45. *Dacus* spp. （non-Chinese） 寡鬃实蝇（非中国种）
46. *Dasineura mali* （Kieffer） 苹果瘿蚊
47. *Dendroctonus* spp. （*valens* LeConte and non-Chinese） 大小蠹（红脂大小蠹和非中国种）
48. *Deudorix isocrates* Fabricius 石榴小灰蝶
49. *Diabrotica* Chevrolat 根萤叶甲属
50. *Diaphania nitidalis* （Stoll） 黄瓜绢野螟
51. *Diaprepes abbreviata* （L.） 蔗根象
52. *Diatraea saccharalis* （Fabricius） 小蔗螟
53. *Dryocoetes confusus* Swaine 混点毛小蠹
54. *Dysmicoccus grassi* Leonari 香蕉灰粉蚧
55. *Dysmicoccus neobrevipes* Beardsley 新菠萝灰粉蚧
56. *Ectomyelois ceratoniae* （Zeller） 石榴螟
57. *Epidiaspis leperii* （Signoret） 桃白圆盾蚧
58. *Eriosoma lanigerum* （Hausmann） 苹果绵蚜
59. *Eulecanium gigantea* （Shinji） 枣大球蚧
60. *Eurytoma amygdali* Enderlein 扁桃仁蜂
61. *Eurytoma schreineri* Schreiner 李仁蜂
62. *Gonipterus scutellatus* Gyllenhal 桉象
63. *Helicoverpa zea* （Boddie） 谷实夜蛾
64. *Hemerocampa leucostigma* （Smith） 合毒蛾
65. *Hemiberlesia pitysophila* Takagi 松突圆蚧
66. *Heterobostrychus aequalis* （Waterhouse） 双钩异翅长蠹
67. *Hoplocampa flava* （L.） 李叶蜂
68. *Hoplocampa testudinea* （Klug） 苹叶蜂
69. *Hoplocerambyx spinicornis* （Newman） 刺角沟额天牛
70. *Hylobius pales* （Herbst） 苍白树皮象
71. *Hylotrupes bajulus* （L.） 家天牛
72. *Hylurgopinus rufipes* （Eichhoff） 美洲榆小蠹
73. *Hylurgus ligniperda* Fabricius 长林小蠹

74. *Hyphantria cunea*（Drury） 美国白蛾
75. *Hypothenemus hampei*（Ferrari） 咖啡果小蠹
76. *Incisitermes minor*（Hagen） 小楹白蚁
77. *Ips* spp.（non-Chinese） 齿小蠹(非中国种)
78. *Ischnaspis longirostris*（Signoret） 黑丝盾蚧
79. *Lepidosaphes tapleyi* Williams 芒果蛎蚧
80. *Lepidosaphes tokionis*（Kuwana） 东京蛎蚧
81. *Lepidosaphes ulmi*（L.） 榆蛎蚧
82. *Leptinotarsa decemlineata*（Say） 马铃薯甲虫
83. *Leucoptera coffeella*（Guérin-Méneville） 咖啡潜叶蛾
84. *Liriomyza trifolii*（Burgess） 三叶斑潜蝇
85. *Lissorhoptrus oryzophilus* Kuschel 稻水象甲
86. *Listronotus bonariensis*（Kuschel） 阿根廷茎象甲
87. *Lobesia botrana*（Denis et Schiffermuller） 葡萄花翅小卷蛾
88. *Mayetiola destructor*（Say） 黑森瘿蚊
89. *Mercetaspis halli*（Green） 霍氏长盾蚧
90. *Monacrostichus citricola* Bezzi 桔实锤腹实蝇
91. *Monochamus* spp.（non-Chinese） 墨天牛(非中国种)
92. *Myiopardalis pardalina*（Bigot） 甜瓜迷实蝇
93. *Naupactus leucoloma*（Boheman） 白缘象甲
94. *Neoclytus acuminatus*（Fabricius） 黑腹尼虎天牛
95. *Opogona sacchari*（Bojer） 蔗扁蛾
96. *Pantomorus cervinus*（Boheman） 玫瑰短喙象
97. *Parlatoria crypta* Mckenzie 灰白片盾蚧
98. *Pharaxonotha kirschi* Reither 谷拟叩甲
99. *Phenacoccus manihoti* Matile-Ferrero 木薯绵粉蚧
100. *Phenacoccus solenopsis* Tinsley 扶桑绵粉蚧
101. *Phloeosinus cupressi* Hopkins 美柏肤小蠹
102. *Phoracantha semipunctata*（Fabricius） 桉天牛
103. *Pissodes* Germar 木蠹象属

104. *Planococcus lilacius* Cockerell　南洋臀纹粉蚧
105. *Planococcus minor*（Maskell）　大洋臀纹粉蚧
106. *Platypus* spp.（non-Chinese）　长小蠹(属)（非中国种）
107. *Popillia japonica* Newman　日本金龟子
108. *Prays citri* Milliere　桔花巢蛾
109. *Promecotheca cumingi* Baly　椰子缢胸叶甲
110. *Prostephanus truncatus*（Horn）　大谷蠹
111. *Ptinus tectus* Boieldieu　澳洲蛛甲
112. *Quadrastichus erythrinae* Kim　刺桐姬小蜂
113. *Reticulitermes lucifugus*（Rossi）　欧洲散白蚁
114. *Rhabdoscelus lineaticollis*（Heller）　褐纹甘蔗象
115. *Rhabdoscelus obscurus*（Boisduval）　几内亚甘蔗象
116. *Rhagoletis* spp.（non-Chinese）　绕实蝇(非中国种)
117. *Rhynchites aequatus*（L.）　苹虎象
118. *Rhynchites bacchus* L.　欧洲苹虎象
119. *Rhynchites cupreus* L.　李虎象
120. *Rhynchites heros* Roelofs　日本苹虎象
121. *Rhynchophorus ferrugineus*（Olivier）　红棕象甲
122. *Rhynchophorus palmarum*（L.）　棕榈象甲
123. *Rhynchophorus phoenicis*（Fabricius）　紫棕象甲
124. *Rhynchophorus vulneratus*（Panzer）　亚棕象甲
125. *Sahlbergella singularis* Haglund　可可盲蝽象
126. *Saperda* spp.（non-Chinese）　楔天牛(非中国种)
127. *Scolytus multistriatus*（Marsham）　欧洲榆小蠹
128. *Scolytus scolytus*（Fabricius）　欧洲大榆小蠹
129. *Scyphophorus acupunctatus* Gyllenhal　剑麻象甲
130. *Selenaspidus articulatus* Morgan　刺盾蚧
131. *Sinoxylon* spp.（non-Chinese）　双棘长蠹(非中国种)
132. *Sirex noctilio* Fabricius　云杉树蜂
133. *Solenopsis invicta* Buren　红火蚁

134. *Spodoptera littoralis*（Boisduval） 海灰翅夜蛾
135. *Stathmopoda skelloni* Butler 猕猴桃举肢蛾
136. *Sternochetus* Pierce 芒果象属
137. *Taeniothrips inconsequens*（Uzel） 梨蓟马
138. *Tetropium* spp.（non-Chinese） 断眼天牛(非中国种)
139. *Thaumetopoea pityocampa*（Denis et Schiffermuller） 松异带蛾
140. *Toxotrypana curvicauda* Gerstaecker 番木瓜长尾实蝇
141. *Tribolium destructor* Uyttenboogaart 褐拟谷盗
142. *Trogoderma* spp.（non-Chinese） 斑皮蠹(非中国种)
143. *Vesperus* Latreile 暗天牛属
144. *Vinsonia* stellifera（Westwood） 七角星蜡蚧
145. *Viteus vitifoliae*（Fitch） 葡萄根瘤蚜
146. *Xyleborus* spp.（non-Chinese） 材小蠹(非中国种)
147. *Xylotrechus rusticus* L. 青杨脊虎天牛

软体动物

148. *Zabrotes subfasciatus*（Boheman） 巴西豆象
149. *Achatina fulica* Bowdich 非洲大蜗牛
150. *Acusta despecta* Gray 硫球球壳蜗牛
151. *Cepaea hortensis* Müller 花园葱蜗牛
152. *Cernuella virgata* Da Costa 地中海白蜗牛
153. *Euglandina rosea*（Ferussac） 玫瑰蜗牛
154. *Helix aspersa* Müller 散大蜗牛
155. *Helix pomatia* Linnaeus 盖罩大蜗牛
156. *Otala lactea*（Müller） 乳状耳形螺
157. *Theba pisana* Müller 比萨茶蜗牛

真菌

158. *Albugo tragopogi*（Persoon）Schröter var. *helianthi* No-

votelnova　向日葵白锈病菌

159. *Alternaria triticina* Prasada et Prabhu　小麦叶疫病菌

160. *Anisogramma anomala*（Peck）E. Muller　榛子东部枯萎病菌

161. *Apiosporina morbosa*（Schweinitz）von Arx　李黑节病菌

162. *Atropellis pinicola* Zaller et Goodding　松生枝干溃疡病菌

163. *Atropellis piniphila*（Weir）Lohman et Cash　嗜松枝干溃疡病菌

164. *Botryosphaeria laricina*（K. Sawada）Y. Zhong　落叶松枯梢病菌

165. *Botryosphaeria stevensii* Shoemaker　苹果壳色单隔孢溃疡病菌

166. *Cephalosporium gramineum* Nisikado et Ikata　麦类条斑病菌

167. *Cephalosporium maydis* Samra，Sabet et Hingorani　玉米晚枯病菌

168. *Cephalosporium sacchari* E. J. Butler et Hafiz Khan　甘蔗凋萎病菌

169. *Ceratocystis fagacearum*（Bretz）Hunt　栎枯萎病菌

170. *Chalara fraxinea* T. Kowalski　白蜡鞘孢菌

171. *Chrysomyxa arctostaphyli* Dietel　云杉帚锈病菌

172. *Ciborinia camelliae* Kohn　山茶花腐病菌

173. *Cladosporium cucumerinum* Ellis et Arthur　黄瓜黑星病菌

174. *Colletotrichum kahawae* J. M. Waller et Bridge　咖啡浆果炭疽病菌

175. *Crinipellis perniciosa*（Stahel）Singer　可可丛枝病菌

176. *Cronartium coleosporioides* J. C. Arthur　油松疱锈病菌

177. *Cronartium comandrae* Peck　北美松疱锈病菌
178. *Cronartium conigenum* Hedgcock et Hunt　松球果锈病菌
179. *Cronartium fusiforme* Hedgcock et Hunt ex Cummins　松纺锤瘤锈病菌
180. *Cronartium ribicola* J. C. Fisch.　松疱锈病菌
181. *Cryphonectria cubensis*（Bruner）Hodges　桉树溃疡病菌
182. *Cylindrocladium parasiticum* Crous，Wingfield et Alfenas　花生黑腐病菌
183. *Diaporthe helianthi* Muntanola-Cvetkovic Mihaljcevic et Petrov　向日葵茎溃疡病菌
184. *Diaporthe perniciosa* É. J. Marchal　苹果果腐病菌
185. *Diaporthe phaseolorum*（Cooke et Ell.）Sacc. var. *caulivora* Athow et Caldwell　大豆北方茎溃疡病菌
186. *Diaporthe phaseolorum*（Cooke et Ell.）Sacc. var. *meridionalis* F. A. Fernandez　大豆南方茎溃疡病菌
187. *Diaporthe vaccinii* Shear　蓝莓果腐病菌
188. *Didymella ligulicola*（K. F. Baker，Dimock et L. H. Davis）von Arx　菊花花枯病菌
189. *Didymella lycopersici* Klebahn　番茄亚隔孢壳茎腐病菌
190. *Endocronartium harknessii*（J. P. Moore）Y. Hiratsuka　松瘤锈病菌
191. *Eutypa lata*（Pers.）Tul. et C. Tul.　葡萄藤猝倒病菌
192. *Fusarium circinatum* Nirenberg et O'Donnell　松树脂溃疡病菌
193. *Fusarium oxysporum* Schlecht. f. sp. *apii* Snyd. et Hans　芹菜枯萎病菌
194. *Fusarium oxysporum* Schlecht. f. sp. *asparagi* Cohen et Heald　芦笋枯萎病菌
195. *Fusarium oxysporum* Schlecht. f. sp. *cubense*（E. F. Sm.）

Snyd. et Hans（Race 4 non-Chinese races）　香蕉枯萎病菌（4 号小种和非中国小种）

196. *Fusarium oxysporum* Schlecht. f. sp. *elaeidis* Toovey　油棕枯萎病菌

197. *Fusarium oxysporum* Schlecht. f. sp. *fragariae* Winks et Williams　草莓枯萎病菌

198. *Fusarium tucumaniae* T. Aoki，O'Donnell，Yos. Homma et Lattanzi　南美大豆猝死综合症病菌

199. *Fusarium virguliforme* O'Donnell et T. Aoki　北美大豆猝死综合症病菌

200. *Gaeumannomyces graminis*（Sacc.）Arx et D. Olivier var. *avenae*（E. M. Turner）Dennis　燕麦全蚀病菌

201. *Greeneria uvicola*（Berk. et M. A. Curtis）Punithalingam　葡萄苦腐病菌

202. *Gremmeniella abietina*（Lagerberg）Morelet　冷杉枯梢病菌

203. *Gymnosporangium clavipes*（Cooke et Peck）Cooke et Peck　榅桲锈病菌

204. *Gymnosporangium fuscum* R. Hedw.　欧洲梨锈病菌

205. *Gymnosporangium globosum*（Farlow）Farlow　美洲山楂锈病菌

206. *Gymnosporangium juniperi-virginianae* Schwein 美洲苹果锈病菌

207. *Helminthosporium solani* Durieu et Mont.　马铃薯银屑病菌

208. *Hypoxylon mammatum*（Wahlenberg）J. Miller　杨树炭团溃疡病菌

209. *Inonotus weirii*（Murrill）Kotlaba et Pouzar　松干基褐腐病菌

210. *Leptosphaeria libanotis*（Fuckel）Sacc. 胡萝卜褐腐病菌

211. *Leptosphaeria maculans*（Desm.）Ces. et De Not. 十字花科蔬菜黑胫病菌
212. *Leptosphaeria lindquistii* Frezzi 向日葵黑茎病菌
213. *Leucostoma cincta*（Fr.：Fr.）Hohn. 苹果溃疡病菌
214. *Melampsora farlowii*（J. C. Arthur）J. J. Davis 铁杉叶锈病菌
215. *Melampsora medusae* Thumen 杨树叶锈病菌
216. *Microcyclus ulei*（P. Henn.）von Arx 橡胶南美叶疫病菌
217. *Monilinia fructicola*（Winter）Honey 美澳型核果褐腐病菌
218. *Moniliophthora roreri*（Ciferri et Parodi）Evans 可可链疫孢荚腐病菌
219. *Monosporascus cannonballus* Pollack et Uecker 甜瓜黑点根腐病菌
220. *Mycena citricolor*（Berk. et Curt.）Sacc. 咖啡美洲叶斑病菌
221. *Mycocentrospora acerina*（Hartig）Deighton 香菜腐烂病菌
222. *Mycosphaerella dearnessii* M. E. Barr 松针褐斑病菌
223. *Mycosphaerella fijiensis* Morelet 香蕉黑条叶斑病菌
224. *Mycosphaerella gibsonii* H. C. Evans 松针褐枯病菌
225. *Mycosphaerella linicola* Naumov 亚麻褐斑病菌
226. *Mycosphaerella musicola* J. L. Mulder 香蕉黄条叶斑病菌
227. *Mycosphaerella pini* E. Rostrup 松针红斑病菌
228. *Nectria rigidiuscula* Berk. et Broome 可可花瘿病菌
229. *Ophiostoma novo-ulmi* Brasier 新榆枯萎病菌
230. *Ophiostoma ulmi*（Buisman）Nannf. 榆枯萎病菌
231. *Ophiostoma wageneri*（Goheen et Cobb）Harrington

针叶松黑根病菌

232. *Ovulinia azaleae* Weiss　杜鹃花枯萎病菌

233. *Periconia circinata*（M. Mangin）Sacc. 高粱根腐病菌

234. *Peronosclerospora* spp.（non-Chinese）　玉米霜霉病菌（非中国种）

235. *Peronospora farinosa*（Fries：Fries）Fries f. sp. *betae* Byford　甜菜霜霉病菌

236. *Peronospora hyoscyami* de Bary f. sp. *tabacina*（Adam）Skalicky　烟草霜霉病菌

237. *Pezicula malicorticis*（Jacks.）Nannfeld　苹果树炭疽病菌

238. *Phaeoramularia angolensis*（T. Carvalho et O. Mendes）P. M. Kirk　柑橘斑点病菌

239. *Phellinus noxius*（Corner）G. H. Cunn. 木层孔褐根腐病菌

240. *Phialophora gregata*（Allington et Chamberlain）W. Gams　大豆茎褐腐病菌

241. *Phialophora malorum*（Kidd et Beaum.）McColloch 苹果边腐病菌

242. *Phoma exigua* Desmazières f. sp. *foveata*（Foister）Boerema　马铃薯坏疽病菌

243. *Phoma glomerata*（Corda）Wollenweber et Hochapfel 葡萄茎枯病菌

244. *Phoma pinodella*（L. K. Jones）Morgan-Jones et K. B. Burch　豌豆脚腐病菌

245. *Phoma tracheiphila*（Petri）L. A. Kantsch. et Gikaschvili　柠檬干枯病菌

246. *Phomopsis sclerotioides* van Kesteren　黄瓜黑色根腐病菌

247. *Phymatotrichopsis omnivora*（Duggar）Hennebert　棉

根腐病菌

248. *Phytophthora cambivora*（Petri）Buisman 栗疫霉黑水病菌

249. *Phytophthora erythroseptica* Pethybridge 马铃薯疫霉绯腐病菌

250. *Phytophthora fragariae* Hickman 草莓疫霉红心病菌

251. *Phytophthora fragariae* Hickman var. *rubi* W. F. Wilcox et J. M. Duncan 树莓疫霉根腐病菌

252. *Phytophthora hibernalis* Carne 柑橘冬生疫霉褐腐病菌

253. *Phytophthora lateralis* Tucker et Milbrath 雪松疫霉根腐病菌

254. *Phytophthora medicaginis* E. M. Hans. et D. P. Maxwell 苜蓿疫霉根腐病菌

255. *Phytophthora phaseoli* Thaxter 菜豆疫霉病菌

256. *Phytophthora ramorum* Werres，De Cock et Man in't Veld 栎树猝死病菌

257. *Phytophthora sojae* Kaufmann et Gerdemann 大豆疫霉病菌

258. *Phytophthora syringae*（Klebahn）Klebahn 丁香疫霉病菌

259. *Polyscytalum pustulans*（M. N. Owen et Wakef.）M. B. Ellis 马铃薯皮斑病菌

260. *Protomyces macrosporus* Unger 香菜茎瘿病菌

261. *Pseudocercosporella herpotrichoides*（Fron）Deighton 小麦基腐病菌

262. *Pseudopezicula tracheiphila*（Müller-Thurgau）Korf et Zhuang 葡萄角斑叶焦病菌

263. *Puccinia pelargonii-zonalis* Doidge 天竺葵锈病菌

264. *Pycnostysanus azaleae*（Peck）Mason 杜鹃芽枯病菌

265. *Pyrenochaeta terrestris*（Hansen）Gorenz，Walker et

Larson 洋葱粉色根腐病菌

266. *Pythium splendens* Braun 油棕猝倒病菌

267. *Ramularia beticola* Fautr. et Lambotte 甜菜叶斑病菌

268. *Rhizoctonia fragariae* Husain et W. E. McKeen 草莓花枯病菌

269. *Rigidoporus lignosus*（Klotzsch）Imaz. 橡胶白根病菌

270. *Sclerophthora rayssiae* Kenneth，Kaltin et Wahl var. *zeae* Payak et Renfro 玉米褐条霜霉病菌

271. *Septoria petroselini*（Lib.）Desm. 欧芹壳针孢叶斑病菌

272. *Sphaeropsis pyriputrescens* Xiao et J. D. Rogers 苹果球壳孢腐烂病菌

273. *Sphaeropsis tumefaciens* Hedges 柑橘枝瘤病菌

274. *Stagonospora avenae* Bissett f. sp. *triticea* T. Johnson 麦类壳多胞斑点病菌

275. *Stagonospora sacchari* Lo et Ling 甘蔗壳多胞叶枯病菌

276. *Synchytrium endobioticum*（Schilberszky）Percival 马铃薯癌肿病菌

277. *Thecaphora solani*（Thirumalachar et M. J. O'Brien）Mordue 马铃薯黑粉病菌

278. *Tilletia controversa* Kühn 小麦矮腥黑穗病菌

279. *Tilletia indica* Mitra 小麦印度腥黑穗病菌

280. *Urocystis cepulae* Frost 葱类黑粉病菌

281. *Uromyces transversalis*（Thümen）Winter 唐菖蒲横点锈病菌

282. *Venturia inaequalis*（Cooke）Winter 苹果黑星病菌

283. *Verticillium albo-atrum* Reinke et Berthold 苜蓿黄萎病菌

284. *Verticillium dahliae* Kleb. 棉花黄萎病菌

原核生物

285. *Acidovorax avenae* subsp. *cattleyae* (Pavarino) Willems et al. 兰花褐斑病菌
286. *Acidovorax avenae* subsp. *citrulli* (Schaad et al.) Willems et al. 瓜类果斑病菌
287. *Acidovorax konjaci* (Goto) Willems et al. 魔芋细菌性叶斑病菌
288. Alder yellows phytoplasma 桤树黄化植原体
289. Apple proliferation phytoplasma 苹果丛生植原体
290. Apricot chlorotic leafroll phtoplasma 杏褪绿卷叶植原体
291. Ash yellows phytoplasma 白蜡树黄化植原体
292. Blueberry stunt phytoplasma 蓝莓矮化植原体
293. *Burkholderia caryophylli* (Burkholder) Yabuuchi et al. 香石竹细菌性萎蔫病菌
294. *Burkholderia gladioli* pv. *alliicola* (Burkholder) Urakami et al. 洋葱腐烂病菌
295. *Burkholderia glumae* (Kurita et Tabei) Urakami et al. 水稻细菌性谷枯病菌
296. *Candidatus Liberobacter africanum* Jagoueix et al. 非洲柑桔黄龙病菌
297. *Candidatus Liberobacter asiaticum* Jagoueix et al. 亚洲柑桔黄龙病菌
298. *Candidatus Liberibacter solanacearum* Liefting et al. 马铃薯斑纹片病菌
299. *Candidatus* Phytoplasma australiense 澳大利亚植原体候选种
300. *Clavibacter michiganensis* subsp. *insidiosus* (McCulloch) Davis et al. 苜蓿细菌性萎蔫病菌
301. *Clavibacter michiganensis* subsp. *michiganensis* (Smith) Da-

vis et al.　番茄溃疡病菌

302. *Clavibacter michiganensis* subsp. *nebraskensis*（Vidaver et al.）Davis et al.　玉米内州萎蔫病菌

303. *Clavibacter michiganensis* subsp. *sepedonicus*（Spieckermann et al.）Davis et al.　马铃薯环腐病菌

304. Coconut lethal yellowing phytoplasma　椰子致死黄化植原体

305. *Curtobacterium flaccumfaciens* pv. *flaccumfaciens*（Hedges）Collins et Jones　菜豆细菌性萎蔫病菌

306. *Curtobacterium flaccumfaciens* pv. *oortii*（Saaltink et al.）Collins et Jones　郁金香黄色疱斑病菌

307. Elm phloem necrosis phytoplasma　榆韧皮部坏死植原体

308. *Enterobacter cancerogenus*（Urosevi）Dickey et Zumoff　杨树枯萎病菌

309. *Erwinia amylovora*（Burrill）Winslow et al.　梨火疫病菌

310. *Erwinia chrysanthemi* Burkhodler et al.　菊基腐病菌

311. *Erwinia pyrifoliae* Kim，Gardan，Rhim et Geider　亚洲梨火疫病菌

312. Grapevine flavescence dorée phytoplasma　葡萄金黄化植原体

313. Lime witches'broom phytoplasma　来檬丛枝植原体

314. *Pantoea stewartii* subsp. *stewartii*（Smith）Mergaert et al.　玉米细菌性枯萎病菌

315. Peach X-disease phytoplasma　桃 X 病植原体

316. Pear decline phytoplasma　梨衰退植原体

317. Potato witches'broom phytoplasma　马铃薯丛枝植原体

318. *Pseudomonas savastanoi* pv. *phaseolicola*（Burkholder）Gardan et al.　菜豆晕疫病菌

319. *Pseudomonas syringae* pv. *morsprunorum*（Wormald）

Young et al.　核果树溃疡病菌

320. *Pseudomonas syringae* pv. *persicae* (Prunier et al.) Young et al.　桃树溃疡病菌

321. *Pseudomonas syringae* pv. *pisi* (Sackett) Young et al.　豌豆细菌性疫病菌

322. *Pseudomonas syringae* pv. *maculicola* (McCulloch) Young et al.　十字花科黑斑病菌

323. *Pseudomonas syringae* pv. *tomato* (Okabe) Young et al.　番茄细菌性叶斑病菌

324. *Ralstonia solanacearum* (Smith) Yabuuchi et al. (race 2)　香蕉细菌性枯萎病菌（2号小种）

325. *Rathayibacter rathayi* (Smith) Zgurskaya et al.　鸭茅蜜穗病菌

326. *Spiroplasma citri* Saglio et al.　柑橘顽固病螺原体

327. Strawberry multiplier phytoplasma　草莓簇生植原体

328. *Xanthomonas albilineans* (Ashby) Dowson　甘蔗白色条纹病菌

329. *Xanthomonas arboricola* pv. *celebensis* (Gaumann) Vauterin et al.　香蕉坏死条纹病菌

330. *Xanthomonas axonopodis* pv. *betlicola* (Patel et al.) Vauterin et al.　胡椒叶斑病菌

331. *Xanthomonas axonopodis* pv. *citri* (Hasse) Vauterin et al.　柑橘溃疡病菌

332. *Xanthomonas axonopodis* pv. *manihotis* (Bondar) Vauterin et al.　木薯细菌性萎蔫病菌

333. *Xanthomonas axonopodis* pv. *vasculorum* (Cobb) Vauterin et al.　甘蔗流胶病菌

334. *Xanthomonas campestris* pv. *mangiferaeindicae* (Patel et al.) Robbs et al.　芒果黑斑病菌

335. *Xanthomonas campestris* pv. *musacearum* (Yirgou et

Bradbury）Dye　香蕉细菌性萎蔫病菌

336. *Xanthomonas cassavae*（ex Wiehe et Dowson）Vauterin et al.　木薯细菌性叶斑病菌

337. *Xanthomonas fragariae* Kennedy et King　草莓角斑病菌

338. *Xanthomonas hyacinthi*（Wakker）Vauterin et al.　风信子黄腐病菌

339. *Xanthomonas oryzae* pv. *oryzae*（Ishiyama）Swings et al.　水稻白叶枯病菌

340. *Xanthomonas oryzae* pv. *oryzicola*（Fang et al.）Swings et al.　水稻细菌性条斑病菌

341. *Xanthomonas populi*（ex Ride）Ride et Ride　杨树细菌性溃疡病菌

342. *Xylella fastidiosa* Wells et al.　木质部难养细菌

343. *Xylophilus ampelinus*（Panagopoulos）Willems et al.　葡萄细菌性疫病菌

线虫

344. *Anguina agrostis*（Steinbuch）Filipjev　剪股颖粒线虫

345. *Aphelenchoides fragariae*（Ritzema Bos）Christie　草莓滑刃线虫

346. *Aphelenchoides ritzemabosi*（Schwartz）Steiner et Bührer　菊花滑刃线虫

347. *Bursaphelenchus cocophilus*（Cobb）Baujard　椰子红环腐线虫

348. *Bursaphelenchus xylophilus*（Steiner et Bührer）Nickle　松材线虫

349. *Ditylenchus angustus*（Butler）Filipjev　水稻茎线虫

350. *Ditylenchus destructor* Thorne　腐烂茎线虫

351. *Ditylenchus dipsaci*（Kühn）Filipjev　鳞球茎茎线虫

352. *Globodera pallida*（Stone）Behrens　马铃薯白线虫

353. *Globodera rostochiensis*（Wollenweber）Behrens　马铃薯金线虫
354. *Heterodera schachtii* Schmidt　甜菜胞囊线虫
355. *Longidorus*（Filipjev）Micoletzky（The species transmit viruses）长针线虫属（传毒种类）
356. *Meloidogyne* Goeldi（non-Chinese species）　根结线虫属（非中国种）
357. *Nacobbus abberans*（Thorne）Thorne et Allen　异常珍珠线虫
358. *Paralongidorus maximus*（Bütschli）Siddiqi　最大拟长针线虫
359. *Paratrichodorus* Siddiqi（The species transmit viruses）拟毛刺线虫属(传毒种类)
360. *Pratylenchus* Filipjev（non-Chinese species）　短体线虫(非中国种)
361. *Radopholus similis*（Cobb）Thorne　香蕉穿孔线虫
362. *Trichodorus* Cobb（The species transmit viruses）　毛刺线虫属(传毒种类)
363. *Xiphinema* Cobb（The species transmit viruses）　剑线虫属(传毒种类)

病毒及类病毒

364. *African cassava mosaic virus*，ACMV　非洲木薯花叶病毒（类）
365. *Apple stem grooving virus*，ASPV　苹果茎沟病毒
366. *Arabis mosaic virus*，ArMV　南芥菜花叶病毒
367. *Banana bract mosaic virus*，BBrMV　香蕉苞片花叶病毒
368. *Bean pod mottle virus*，BPMV　菜豆荚斑驳病毒
369. *Broad bean stain virus*，BBSV　蚕豆染色病毒
370. *Cacao swollen shoot virus*，CSSV　可可肿枝病毒

371. *Carnation ringspot virus*，CRSV　香石竹环斑病毒
372. *Cotton leaf crumple virus*，CLCrV　棉花皱叶病毒
373. *Cotton leaf curl virus*，CLCuV　棉花曲叶病毒
374. *Cowpea severe mosaic virus*，CPSMV　豇豆重花叶病毒
375. *Cucumber green mottle mosaic virus*，CGMMV　黄瓜绿斑驳花叶病毒
376. *Maize chlorotic dwarf virus*，MCDV　玉米褪绿矮缩病毒
377. *Maize chlorotic mottle virus*，MCMV　玉米褪绿斑驳病毒
378. *Maize dwarf mosaic virus*，MDMV　玉米矮花叶病毒
379. *Oat mosaic virus*，OMV　燕麦花叶病毒
380. *Peach rosette mosaic virus*，PRMV　桃丛簇花叶病毒
381. *Peanut stunt virus*，PSV　花生矮化病毒
382. *Plum pox virus*，PPV　李痘病毒
383. *Potato mop-top virus*，PMTV　马铃薯帚顶病毒
384. *Potato virus A*，PVA　马铃薯A病毒
385. *Potato virus V*，PVV　马铃薯V病毒
386. *Potato yellow dwarf virus*，PYDV　马铃薯黄矮病毒
387. *Prunus necrotic ringspot virus*，PNRSV　李属坏死环斑病毒
388. *Southern bean mosaic virus*，SBMV　南方菜豆花叶病毒
389. *Sowbane mosaic virus*，SoMV　藜草花叶病毒
390. *Strawberry latent ringspot virus*，SLRSV　草莓潜隐环斑病毒
391. *Sugarcane streak virus*，SSV　甘蔗线条病毒
392. *Tobacco ringspot virus*，TRSV　烟草环斑病毒
393. *Tomato black ring virus*，TBRV　番茄黑环病毒
394. *Tomato brown rugose fruit virus*，ToBRFV　番茄褐色皱果病毒

395. *Tomato ringspot virus*，ToRSV　番茄环斑病毒
396. *Tomato spotted wilt virus*，TSWV　番茄斑萎病毒
397. *Wheat streak mosaic virus*，WSMV　小麦线条花叶病毒
398. *Apple fruit crinkle viroid*，AFCVd　苹果皱果类病毒
399. *Avocado sunblotch viroid*，ASBVd　鳄梨日斑类病毒
400. *Coconut cadang-cadang viroid*，CCCVd　椰子死亡类病毒
401. *Coconut tinangaja viroid*，CTiVd　椰子败生类病毒
402. *Hop latent viroid*，HLVd　啤酒花潜隐类病毒
403. *Pear blister canker viroid*，PBCVd　梨疱症溃疡类病毒
404. *Potato spindle tuber viroid*，PSTVd　马铃薯纺锤块茎类病毒

杂草

405. *Aegilops cylindrica* Horst　具节山羊草
406. *Aegilops squarrosa* L.　节节麦
407. *Ambrosia* spp.　豚草（属）
408. *Ammi majus* L.　大阿米芹
409. *Avena barbata* Brot.　细茎野燕麦
410. *Avena ludoviciana* Durien　法国野燕麦
411. *Avena sterilis* L.　不实野燕麦
412. *Bromus rigidus* Roth　硬雀麦
413. *Bunias orientalis* L.　疣果匙荠
414. *Caucalis latifolia* L.　宽叶高加利
415. *Cenchrus* spp.（non-Chinese species）　蒺藜草(属)（非中国种）
416. *Centaurea diffusa* Lamarck　铺散矢车菊
417. *Centaurea repens* L.　匍匐矢车菊
418. *Crotalaria spectabilis* Roth　美丽猪屎豆
419. *Cuscuta* spp. 菟丝子（属）

420. *Emex australis* Steinh.　南方三棘果
421. *Emex spinosa*（L.）Campd.　刺亦模
422. *Eupatorium adenophorum* Spreng.　紫茎泽兰
423. *Eupatorium odoratum* L.　飞机草
424. *Euphorbia dentata* Michx.　齿裂大戟
425. *Flaveria bidentis*（L.）Kuntze　黄顶菊
426. *Ipomoea pandurata*（L.）G. F. W. Mey.　提琴叶牵牛花
427. *Iva axillaris* Pursh　小花假苍耳
428. *Iva xanthifolia* Nutt.　假苍耳
429. *Knautia arvensis*（L.）Coulter　欧洲山萝卜
430. *Lactuca pulchella*（Pursh）DC.　野莴苣
431. *Lactuca serriola* L.　毒莴苣
432. *Lolium temulentum* L.　毒麦
433. *Mikania micrantha* Kunth　薇甘菊
434. *Orobanche* spp. 列当（属）
435. *Oxalis latifolia* Kubth　宽叶酢浆草
436. *Senecio jacobaea* L.　臭千里光
437. *Solanum carolinense* L.　北美刺龙葵
438. *Solanum elaeagnifolium* Cay.　银毛龙葵
439. *Solanum rostratum* Dunal.　刺萼龙葵
440. *Solanum torvum* Swartz　刺茄
441. *Sorghum almum* Parodi.　黑高粱
442. *Sorghum halepense*（L.）Pers.（Johnsongrass and its cross breeds）　假高粱(及其杂交种)
443. *Striga* spp.（non-Chinese species）　独脚金(属)（非中国种）
444. *Subgen Acnida* L.　异株苋亚属
445. *Tribulus alatus* Delile　翅蒺藜

446. *Xanthium* spp.（non-Chinese species） 苍耳(属)（非中国种）

备注 1：非中国种是指中国未有发生的种；

备注 2：非中国小种是指中国未有发生的小种；

备注 3：传毒种类是指可以作为植物病毒传播介体的线虫种类。

附录二　国外引种检疫审批管理办法

（1993年11月10日〔1993〕农（农）字第18号公布　1999年6月3日农农发〔1999〕7号《关于进一步加强国外引种检疫审批管理工作的通知》修订　2017年4月17日农办农〔2017〕8号《农业部办公厅关于启用新版农业植物检疫单证的通知》修订　2019年10月14日中华人民共和国农业农村部公告第222号《农业农村部行政许可事项服务指南》修订）

第一条　为了加强对国外（含境外，下同）引进种子、苗木和其他繁殖材料的检疫管理，根据《植物检疫条例》第十二条的规定，制定本办法。

第二条　从国外引进种子、苗木和其他繁殖材料，实行农业部和各省、自治区、直辖市农业厅（局）两级审批。其执行机构是农业部全国植物保护总站和各省、自治区、直辖市农业厅（局）植物检疫（植保植检）站。

第三条　引进种子、苗木和其他繁殖材料的单位或代理进口单位（以下统称引种单位）必须在对外贸易合同或者协议中，列入《引进种子、苗木检疫审批单》上所提对外植物检疫要求，并订明必须附有输出国家或者地区政府植物检疫机关出具的植物检疫证书，证明符合我国所提对外植物检疫要求。

第四条　引种检疫申请

（一）引种单位应当在对外签订贸易合同、协议30日前，申请办理国外引种检疫审批手续。

（二）国务院和中央各部门所属在京单位、驻京部队单位、外国驻京机构等，向农业部全国植物保护总站提出申请；各省、自治区、直辖市有关单位和中央京外单位向种植地的省、自治区、直辖市农业厅（局）植物检疫（植保植检）站提出申请。

（三）引种单位提出申请时，必须按规定的格式及要求填写《引进种子、苗木检疫审批申请书》（附件 1）；引进生产用种苗须同时提供有效的进口种苗权证明材料。报农业部全国植物保护总站审批的生产用种苗，还须提供种植地的省、自治区、直辖市农业厅（局）植物检疫（植保植检）站签署的有关种苗的疫情监测报告。

（四）引种单位应调查了解引进植物在原产地的病虫发生情况，并在申请时向检疫审批单位提供有关疫情资料。对于引进数量较大、疫情不清，与农业安全生产密切相关的种苗，引种单位应事先进行有检疫人员参加的种苗原产地疫情调查。

第五条 检疫审批

（一）检疫审批单位自收到《引进种子、苗木检疫审批申请书》之日起 15 天内予以审批或答复。

（二）农作物种质资源和科研试验材料引进，国务院和中央各部门所属在京单位、驻京部队单位、外国驻京机构等，由农业部全国植物保护总站审批；各省、自治区、直辖市有关单位和中央京外单位由种植地的省、自治区、直辖市农业厅（局）植物检疫（植保植检）站审批。热带作物种质资源交换和引进由农业部农垦司签署意见后，报农业部全国植物保护总站审批。种质资源和科研试验材料检疫审批限量见附件 2。

（三）国际区域性试验和对外制种的种苗引进，由种植地的省、自治区、直辖市农业厅（局）植物检疫（植保植检）站签署意见后，报农业部全国植物保护总站审批。

（四）生产用种苗的引进

1. 对于新引进（指从未引进和近三年内未引进）的作物或品种的引进，必须事先少量隔离试种（种子以 2 亩地，苗木以 50 株用量为限）。引种单位在申请引进前，应安排好隔离试种计划，隔离试种条件符合检疫要求后，由种植地的省、自治区、直辖市农业厅（局）植物检疫（植保植检）站审批。

2. 已在当地多年引进，经疫情监测，符合检疫要求的作物或品种，引种数量在“生产用种苗引种检疫审批限量”（见附件3）内的，由种植地的省、自治区、直辖市农业厅（局）植物检疫（植保植检）站审批（国务院和中央各部门所属在京单位、驻京部队单位、外国驻京机构等，由农业部全国植物保护总站审批）；引种数量超过审批限量的，由种植地的省、自治区、直辖市农业厅（局）植物检疫（植保植检）站签署意见后，报农业部全国植物保护总站审批。

（五）《引进种子、苗木检疫审批单》（附件4）的有效期限一般为6个月，特殊情况有效期限可适当延长。但最长有效期限不得超过一年。

引种单位办理检疫审批后，《引进种子、苗木检疫审批单》已逾有效期限或需要改变引进种苗的品种、数量、输出国家或者地区的，均须重新办理检疫审批手续。

第六条　种苗入境后检疫

（一）引进种苗经口岸动植物检疫机关检疫后，《引进种子、苗木检疫审批单》回执由口岸动植物检疫机关及时寄回种苗审批单位核查。

（二）种苗引进后，引种单位必须按照《引进种子、苗木检疫审批单》上指定的地点进行引进种苗隔离试种或者隔离种植。隔离试种或者隔离种植期限，一年生植物不得少于一个生育周期，多年生植物不得少于两年。隔离试种或者隔离种植期间，由种植地的省农业厅（局）植物检疫（植保植检）站负责疫情监测，并签署疫情监测报告。必要时，由全国植物保护总站组织重点疫情监测。

（三）在隔离种植期间，发现疫情的，引进单位必须在检疫部门的指导和监督下，及时采取封锁、控制和消灭措施，严防疫情扩散，并承担实施检疫处理的全部费用。

第七条　检疫审批管理

（一）国外引种检疫审批实行季度报表制度。各省、自治区、直辖市植物检疫（植保植检）站应当在每新季度开始第一个月十日内，将上一季度“引进种苗检疫审批及疫情监测情况”（附件5）

上报全国植物保护总站。发现重大疫情时，应当及时报告。

（二）“国外引种检疫审批限量表”，由全国植物保护总站根据疫情变化情况和农业生产发展的实际需要，进行修订。

《引进种子、苗木检疫审批申请书》、《引进种子、苗木检疫审批单》由农业部全国植物保护总站统一制定格式，各省、自治区、直辖市农业厅（局）统一翻印。

（三）国外引种检疫审批费、种植期间疫情监测费按国家有关规定收取。因实施重点疫情调查的检疫费用由引种单位承担。

第八条 违反本办法规定的，按国家有关植物检疫规定处罚。

第九条 本办法自发布之日起施行，1980 年 8 月 12 日农业部关于印发《引进种子、苗木检疫审批单》的函和 1990 年 8 月 13 日农业部印发《关于国外引种检疫审批工作的补充规定（试行）》的通知同时废止。

附件 1　引进国外植物种苗检疫审批申请书

申请号：　　　　　　　　　　　　　　　　　　　　　　　　　（示范文本）

<table>
<tr><td rowspan="4">引种单位</td><td>名称（盖章）</td><td></td><td>法定代表</td><td></td></tr>
<tr><td>地址</td><td></td><td>法人代码</td><td></td></tr>
<tr><td>电子信箱</td><td></td><td>邮政编码</td><td></td></tr>
<tr><td>电话/传真</td><td></td><td>联系人</td><td></td></tr>
<tr><td rowspan="4">代理单位</td><td>名称（盖章）</td><td></td><td>法定代表</td><td></td></tr>
<tr><td>地址</td><td></td><td>法人代码</td><td></td></tr>
<tr><td>电子信箱</td><td></td><td>邮政编码</td><td></td></tr>
<tr><td>电话/传真</td><td></td><td>联系人</td><td></td></tr>
<tr><td rowspan="7">引进植物</td><td>中文名称</td><td></td><td>引种用途</td><td></td></tr>
<tr><td>英文名称</td><td></td><td>植物类型</td><td></td></tr>
<tr><td>拉丁学名</td><td></td><td>引进数量</td><td></td></tr>
<tr><td>品种名称</td><td></td><td>原产地</td><td></td></tr>
<tr><td>境外供货商</td><td></td><td>输出地</td><td></td></tr>
<tr><td>详细产地</td><td></td><td>入境口岸</td><td></td></tr>
<tr><td>详细种植地</td><td colspan="3"></td></tr>
<tr><td colspan="2">批复件发送方式</td><td></td><td>申请日期</td><td></td></tr>
<tr><td colspan="3">省植物检疫机构审批（核）意见</td><td colspan="2">农业农村部植物检疫机构审批意见</td></tr>
<tr><td colspan="3">□不符合规定，不予受理。
□审查合格，予以受理。
□审查合格，上报农业农村部审批。

审批人：
审核人：
检疫员：
此处由审核机关填写审核意见，并加盖公章
（植物检疫专用章）
年　月　日</td><td colspan="2">□不符合规定，不予受理。
□审查合格，予以受理。

审批人：
审核人：
检疫员：
此处由审核机关填写审核意见
（植物检疫专用章）
年　月　日</td></tr>
<tr><td>申报材料目录</td><td colspan="4">1. 引种单位申报引种的理由（包括种植计划、项目批准书等有关材料）；
2. 引进种苗原产地病虫害发生情况；
3. 再次引种的，应出具种植地植物检疫机构签署的疫情监测报告。</td></tr>
</table>

附件2　种质资源和科研试验材料引进检疫审批限量

类别	作物			限量
种子	大粒	如稻、麦、玉米、豆类、棉、花生等		5公斤
	小粒	如蔬菜类、烟草、牧草、花卉等		0.2公斤
苗木	果树	如苹果、柑橘、葡萄等		10株
	花卉	如郁金香、月季、玫瑰等		
热带作物	种子	特大粒	如椰子	20公斤
		大粒	如坚果	1公斤
		中粒	如咖啡	0.5公斤
		小粒	如牧草	0.03公斤
	苗木			5株

附件3　生产用种苗省级检疫审批限量

类别	作物	限量
种子类	粮食作物：稻、麦、玉米、谷类、高粱、豆类、薯类	100公斤
	经济作物：油菜、花生、油葵、甜菜、棉、麻、茄科、烟草、芦笋、花椰菜、芹菜、甘蓝、洋葱、白菜、菠菜、胡萝卜、瓜类、菜豆类、西瓜、空心菜、草本花卉等	500公斤
	草坪草、牧草	1 000公斤
苗木类（含种球）	果树：苹果、梨、桃、李、杏、梅、荔枝、葡萄、柑橘等	100株
	木本花卉：巴西木、发财树等	500株
	草本（水果）花卉：草莓、郁金香、康乃馨等	5 000株（头）

附件 4　从国外引进林木种子、苗木检疫审批表

编号：　　　　　　　　　　　　　　　　　　　　　　有效期至：

<table>
<tr><td rowspan="3">申请单位</td><td>名称</td><td colspan="3"></td></tr>
<tr><td>地址</td><td colspan="3"></td></tr>
<tr><td>联系人</td><td></td><td>联系电话</td><td></td></tr>
<tr><td colspan="2">植物中文名</td><td></td><td>植物学名</td><td></td></tr>
<tr><td colspan="2">原产国（地区）</td><td></td><td>植物部位</td><td></td></tr>
<tr><td colspan="2">输出国（地区）</td><td></td><td>引种用途</td><td></td></tr>
<tr><td colspan="2">种植地区</td><td></td><td>审批数量</td><td></td></tr>
<tr><td>检疫要求</td><td colspan="4">（注：请在对外贸易合同或者协议中订明以上检疫要求！）</td></tr>
<tr><td>审批意见</td><td colspan="4">签发人：　　　　　　　　　　　　签发日期：</td></tr>
</table>

注：本审批单一式二联回执，此系第一联。申请单位凭第一联和回执单向出入境检验检疫机关报检，第二联由签发检疫机构留存。

附件 5　广西国外引种疫情监测情况登记表

引种单位		生育期	
审批单号		种植日期	
品种名称	试种地点	面积（亩）	应检主要病虫害
实施监测机构			
田间监测结果			
引种单位代表人签名			
植物检疫员签名			

附录三　从国外引进农业种子、苗木检疫审批

项目信息

项目名称：从国外引进农业种子、苗木检疫审批
国家平台事项编码：11100000000013266410001200890000
项目编码：17004
审批类型：行政许可
办件类型：承诺件

适用范围

本指南规定了农业农村部负责的从国外引进农业种子、苗木检疫审批事项的审批依据、审批程序、审查内容、办理时限等内容。

本指南适用于从国外引进农业种子、苗木检疫审批项目。

本事项审批对象为机关、事业单位、企业、社会组织、公民个人。

审查类型

前审后批。

审批依据

《中华人民共和国进出境动植物检疫法》（1991 年 10 月 30 日第七届全国人民代表大会常务委员会第二十二次会议通过，1991 年 10 月 30 日中华人民共和国主席令第 53 号公布，自 1992 年 4 月

1日起施行)。

《植物检疫条例》(1983年1月3日国务院发布,根据1992年5月13日《国务院关于修改〈植物检疫条例〉的决定》修订发布)。

《植物检疫条例实施细则(农业农村部分)》(1995年2月25日农业部令第5号发布,1997年12月25日农业部令第39号、2004年7月1日农业部令第38号、2007年11月8日农业部令第6号修订)。

《国外引种检疫审批管理办法》(1993年11月10日农业部〔1993〕农(农)字第18号发布实施)。

受理机构

农业农村部政务服务大厅。

决定机构

农业农村部。

行使层级

国家级

数量限制

无数量限制。

申请条件

经省级植物检疫机构签署审查意见。

禁止性要求

禁止从植物疫情发生区引进有关寄主作物种子、苗木,有关名录请参照如下文件:《中华人民共和国进境植物检疫禁止进境物名录》(中华人民共和国农业部公告第72号)、农业部国家质检总局检疫总局公告第 1472 号、农业部国家质检总局检疫总局公告第1676号。

申请材料目录

《引进国外植物种苗检疫审批申请书》原件 1 份。

经农业种业行政主管部门批准的《进（出）口农作物种子（苗）审批表》。

首次引种的（从未引进或连续三年没有引进），需提供引进种苗原产地病虫害发生情况说明原件 1 份。

上述申请材料中以下证明材料可选择采用书面承诺方式，以告知承诺书（见附件）替代。

申请接收

接收单位：农业农村部政务服务大厅种业窗口

联系电话：010－59191810

办公地址：北京市朝阳区农展馆南里 11 号

传真：010－59191808

网址：http：//zwfw. moa. gov. cn

办理基本流程

农业农村部政务服务大厅种业窗口审查《引进国外植物种苗检疫审批申请书》及相关材料，申请材料齐全的予以受理。

全国农业技术推广服务中心进行评审，必要时组织专家进行评审或风险分析。

全国农业技术推广服务中心根据国家有关法律法规审批后办理批件。

流程图

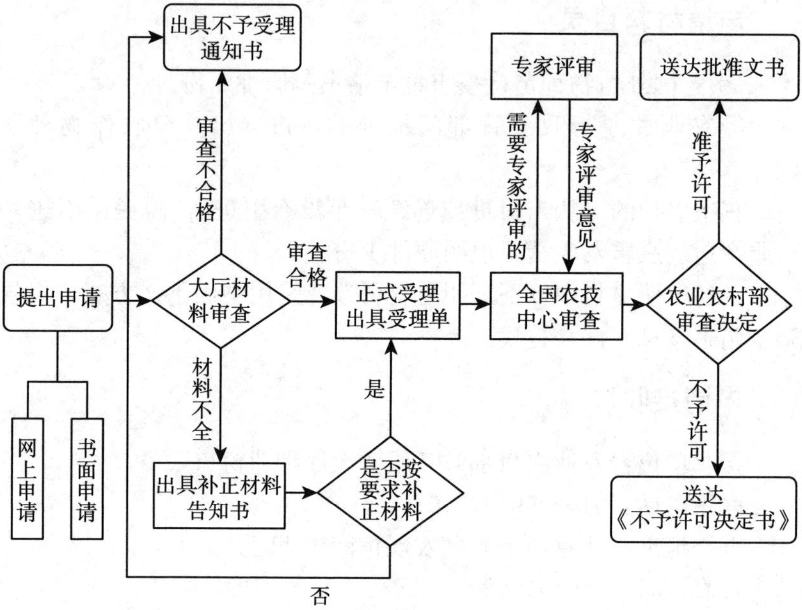

办理方式

网上提供申请材料，需提供纸质材料的同步报送。

到办事现场次数

0 次

承诺办理时限

15 日

法定办理时限

15 个工作日（需要专家评审的，评审时间不超过 2 个月）

办理时限

15 个工作日（需要专家评审的，评审时间不超过 2 个月）。

收费依据及标准

免征。《财政部　国家发展改革委关于取消、停征和免征一批行政事业性收费的通知》（财税〔2014〕101 号）、《财政部国家发展改革委关于扩大 18 项行政事业性收费免征范围的通知》（财税〔2016〕42 号）。

审批结果

予以许可的，颁发《国外引进种子、苗木检疫审批单》；不予许可的，作出不予许可书面决定。

结果送达

自作出决定之日起 10 日内向行政相对人颁发加盖中华人民共和国农业农村部植物检疫专用章的证件。

根据申请人要求，选择在农业农村部政务服务大厅现场领取或以邮寄方式送达。

行政相对人权利和义务

1. 申请人申请行政许可，应当如实向行政机关提交有关材料和反映真实情况，并对其申请材料实质内容的真实性负责。

2. 行政许可申请人隐瞒有关情况或者提供虚假材料申请行政许可的，行政机关不予受理或者不予行政许可，并给予警告；行政许可申请属于直接关系公共安全、人身健康、生命财产安全事项的，申请人在一年内不得再次申请该行政许可。

3. 收到不予受理通知书、办结通知书（不予许可）之日起，申请人可以在 60 日内向农业农村部申请行政复议，或者在 6 个月内向北京市第三中级人民法院提起行政诉讼。

咨询途径

现场咨询：农业农村部政务服务大厅种业窗口
电话咨询：010－59191810

监督投诉渠道

监督电话：010－59193385
网上投诉：农业农村部官方网站-政务服务-行政许可投诉

办公地址和时间

办公地址：农业农村部政务服务大厅
北京市朝阳区农展南里11号
办公时间：每周一到周五（节假日除外）
上午8：30—11：00
下午13：30—16：00

附件　证明事项告知承诺书范本

证明事项告知承诺书
（从国外引进农业种子、苗木检疫审批）

一、农业农村部告知内容

（一）“从国外引进农业种子、苗木检疫审批”事项所需有关证明材料可采用书面承诺方式替代，证明材料名称如下。

经农业种业行政主管部门批准的进（出）口农作物种子（苗）审批表原件。

（二）告知承诺适用对象

本证明事项申请人可自主选择是否采用告知承诺替代证明，申请人不愿承诺或无法承诺的，应当提交规定的证明材料。

（三）农业农村部可对申请人承诺内容进行监督核实，如发现申请人虚假承诺或违反承诺应当作出如下处理。

1. 立即依法终止本次申请或者撤销已作出的行政许可决定；

2. 申请人再次提起相关行政审批申请，不再适用告知承诺制。

二、申请人书面承诺内容

单位名称：________________________________

证件类型：____________证件号码：____________

法定代表人（负责人）：______________________

地址：____________________________________

联系方式：____________________

（委托代理人）

姓名：____________________________________

证件类型：____________证件号码：____________

联系方式：________________________________

本单位承诺具有经农业种业行政主管部门批准的进（出）口农作物种子（苗）审批表，提供的相关信息真实、准确，已知晓农业农村部告知的全部内容，若违反承诺或作出不实承诺，愿意承担所有责任，由此造成的损失由本单位承担。

申请人（委托代理人）：

（盖章）

年　月　日

附录四　甘蔗白条病菌 PCR 检测技术规程

（DB45/T 2029—2019）
（广西壮族自治区地方标准）

1　范围

本标准规定了甘蔗白条病菌［*Xanthomonas albilineans*（Ashby）Dowson］的 PCR 检测的原理、试剂、主要仪器与设备、样品的采集、保存和运输、检测方法和结果描述及判定。

本标准适用于甘蔗白条病菌［*Xanthomonas albilineans*（Ashby）Dowson］的快速检测。

2　规范性引用文件

下列文件对于本文件的应用是必不可少的。凡是注日期的引用文件，仅所注日期的版本适用于本文件。凡是不注日期的引用文件，其最新版本（包括所有的修改单）适用于本文件。

GB/T 6682—2008　分析实验室用水规格和试验方法

3　原理

利用甘蔗白条病病原白条黄单胞菌 16－23rRNA 的 ITS 基因设计的特异性强的引物 XaAlb2－f3 和 XaAlb2－r3，以病原菌的 DNA 为模板，PCR 扩增合成目的片段，从而快速、灵敏、高效地对甘蔗白条病菌［*Xanthomonas albilineans*（Ashby）Dowson］进行检测。

4 试剂

4.1 所用试剂均为分析纯试剂，实验室用水符合 GB/T 6682—2008 中二级水指标，其中涉及 PCR 的用水应符合一级水指标。

4.2 液氮。

4.3 植物基因组 DNA 提取试剂盒。

4.4 Golden view 核酸染料。

4.5 2×Easy Taq PCR 反应预混液：市售产品。浓度为 10mmol/L，其中含有 0.05 U/μL Taq DNA

Polymerase、0.4mm dNTP Mixture、4mmMg^{2+}、2×PCR Buffer。

4.6 1×TE 缓冲液。

4.7 1 500 bp DNA 分子质量标准物。

4.8 琼脂糖，电泳级。

4.9 检测引物序列：

——上游引物 XaAlb2 - f3：5' - CACACACACAATACAGCATTGCGG - 3'；

——下游引物 XaAlb2 - r3：5' - CCCAACTTACTTGAGGCTATGG - 3'；

——预扩增片段大小为 400 bp±5 bp。

4.10 标样：阳性对照为已确定感染甘蔗白条病菌的样品基因组 DNA；阴性对照为确定未感染甘蔗白条病菌的样品基因组 DNA。

5 主要仪器与设备

5.1 PCR 扩增仪。

5.2 凝胶成像系统。

5.3 核酸/蛋白分析仪或紫外分光光度计。

5.4 台式高速冷冻离心机：离心力 12 000 g 以上。

5.5　恒温水浴锅。

5.6　冰箱：2～4℃、－20℃、－80℃。

5.7　高压灭菌锅。

5.8　鼓风干燥箱。

5.9　电子天平：感量 0.001 g。

5.10　微量加样器：0.1～2.5μL、0.5～10μL、2～20μL、10～100μL、20～200μL、50～1 000μL。

6　样品的采集、保存和运输

6.1　样品采集

可采集叶片样品或蔗茎样品。叶片取最高可见肥厚带叶（＋1叶）中部部位叶片的 1.0～2.0 g，放置于样品袋中备用；蔗茎取成熟期甘蔗的中下部茎节，去皮挤汁，取汁液置于 5～10 mL 离心管中备用。

6.2　样品保存和运输

样品放置于 2～8℃条件下保存，时间≤48 h；长期保存，需放置在－80℃条件下，不可反复冻融。长途运输时，可采用保温箱中加干冰或液氮密封后运送。

7　检测方法

7.1　样品 DNA 提取

7.1.1　取叶片样品的中间部分 0.1 g，用液氮冷冻研磨至粉末状，按所选择的植物基因组 DNA 提取试剂盒推荐的操作方法提取样品 DNA。

7.1.2　取蔗汁样品 1.5 mL 放入 2 mL 离心管中，13 000 r/min离心 3min，弃上清，向沉淀加入 1 000μL 灭菌水，13 000 r/min离心 3min，重复操作 2 次，向沉淀加入 20～200μL 灭菌水。

7.2　样品 DNA 质量检测

样品 DNA 提取后，用蛋白/核酸分析仪鉴定样品 DNA 质量，当 A_{260}/A_{280} 比值为 1.8～2.0 时，适合于 PCR 扩增。

7.3　PCR 检测

按附表 1 的方法配制 25μL 的 PCR 扩增反应体系，反应体系中各试剂的量可根据反应体系的总体体积进行适当调整。PCR 扩增参数：94℃预变性 4min；94℃变性 30 s，55℃退火 30 s，65℃延伸 1min，进行 31 个循环；65℃延伸 3min。空白对照为无菌一级水。

附表 1　PCR 扩增反应体系参数

试剂	使用量	25μL 反应体系终浓度
2×Easy Taq PCR 反应预混液	12.5μL	1×
XaAlb2 - f3（10μmol/L）	1.0μL	0.8μmol/L
XaAlb2 - r3（10μmol/L）	1.0μL	0.8μmol/L
模板 DNA（25ng/μL）	1.0μL	2ng/μL
一级水	9.5μL	/
总体积	25μL	/

7.4　扩增产物的电泳检测

7.4.1　称取适量琼脂糖加入 1×TAE 缓冲液中，加热至完全溶解，配制成 1.5%的琼脂糖溶液；稍事冷却后倒板，室温下凝固成琼脂糖凝胶。

7.4.2　分别取 2μL 6×上样缓冲液和 5μL 的 PCR 扩增产物到新的 PCR 管，振荡混匀，2 000 g 离心 5s。

7.4.3　分别将 5μL DNA 分子量标准物和 PCR 产物混合液依次加入琼脂糖凝胶的点样孔后进行电泳，电泳使用的电压为 80 V，电泳时间为 30min。

7.5　凝胶成像分析

将琼脂糖凝胶置于凝胶成像系统成像仪上，根据 DNA 分子量标记判断扩增出的目的条带大小，将电泳结果用拍照系统拍照形成图片文件存档。

8　结果描述及判定

8.1　质控标准

阳性对照出现一条大小为 400 bp±5 bp 条带，阴性对照和空白对照无条带时判定为实验有效。

8.2　结果判定

8.2.1　阳性：被检样品泳道出现一条大小为 400 bp±5 bp 条带时，判为阳性，必要时进行测序。

8.2.2　阴性：被检样品没有出现一条大小为 400 bp±5 bp 条带，经重复 2 次 PCR 检测后仍未出现扩增条带时，判为阴性。

附录五　甘蔗白叶病植原体巢式 PCR 检测技术规程

（DB45/T 2031—2019）

（广西壮族自治区地方标准）

1　范围

本标准规定了甘蔗白叶病植原体（Sugarcane white leaf phytoplasma）巢式 PCR 检测的原理、试剂、主要仪器与设备、样品的采集保存与运输、检测方法和结果描述及判定。

本标准适用于甘蔗白叶病病原菌植原体引起的病害及病原物的快速检测。

2　规范性引用文件

下列文件对于本文件的应用是必不可少的。凡是注日期的引用文件，仅所注日期的版本适用于本文件。凡是不注日期的引用文件，其最新版本（包括所有的修改单）适用于本文件。

GB/T 6682—2008　分析实验室用水规格和试验方法

GB/T 28067　甘蔗黄叶病病毒实时荧光 RT - PCR 检测方法

NY/T 2743　甘蔗白色条纹病菌检验检疫技术规程　实时荧光定量 PCR 法

3　原理

巢式 PCR（Nested Polymerase Chain Reaction）是一种变异的聚合酶链反应（PCR），使用两对（而非一对）PCR 引物扩增完整的片段。利用植原体 16SrRNA 基因序列通用引物 P1/P7 和 R16F2n/R16R2，作为巢式 PCR 的外侧和内侧特异引物对，可用于甘蔗白叶病植原体的快速检测。巢式 PCR 可增加 PCR 检测的灵敏度和反应特异性。

4　试剂

4.1　所使用试剂均为分析纯，实验室用水符合 GB/T 6682—2008 的二级水指标，其中涉及 PCR 的用水应符合一级水指标。

4.2　液氮。

4.3　植物基因组 DNA 提取试剂盒。

4.4　Gel Red 核酸染料。

4.5　2×Easy Taq PCR 反应预混液。浓度为 10mmol/L，其中含有 0.05U/μL Taq DNA Polymerase、0.4Mm dNTP Mixture、4mM Mg^{2+}、2×PCR Buffer。

4.6　1×TE 缓冲液：市售产品。

4.7　1 500 bp DNA 分子质量标准物。

4.8　琼脂糖，电泳级。

4.9　内外检测引物序列：

a）外引物对：

1）P1：5'-AAGAGTTTGATCCTGGCTCAGGATT-3'；

2）P7：5'-CGTCCTTCATCGGCTCTT-3'。

b）内引物对：

1）R16F2n：5'-GAAACGACTGCTAAGACTGG-3'；

2）R16R2：5'-TGACGGGCGGTGTGTACAAACCCCG-3'。

4.10　标样：阳性对照为已确定感染甘蔗白叶病植原体的样品基因组 DNA；阴性对照为确定未感染甘蔗白叶病植原体的样品基因组 DNA。

5　主要仪器与设备

5.1　PCR 扩增仪。

5.2　凝胶成像系统。

5.3　核酸/蛋白分析仪或紫外分光光度计。

5.4　台式高速冷冻离心机：离心力 12 000 g 以上。

5.5　恒温水浴锅。

5.6　冰箱：2～4℃、－20℃、－80℃。

5.7　高压灭菌锅。

5.8　鼓风干燥箱。

5.9　电子天平：感量 0.001 g。

5.10 微量加样器：0.1～2.5μL、0.5～10μL、2～20μL、10～100μL、20～200μL、50～1 000μL。

6　样品的采集、保存及运输

6.1　样品采集

按 GB/T 28067 的要求执行。其中，叶片样品和蔗茎样品参照 NY/T 2743。采集 1.0～2.0 g 叶片或蔗茎放于样品袋中，备用。

6.2　样品保存和运输

采集的样品放置于 2～8℃条件下保存时间≤48 h；长期保存，需放置在－80℃条件下，不可反复冻融。长途运输时，可采用保温箱中加干冰或液氮密封后运送。

7　检测方法

7.1　样品 DNA 提取

取样品 0.1 g，用液氮冷冻研磨至粉末状，按所选择的植物基因组 DNA 提取试剂盒推荐的操作方法进行提取样品 DNA。

7.2　样品 DNA 质量检测

样品 DNA 提取后，用蛋白/核酸分析仪鉴定样品 DNA 质量，当 A_{260}/A_{280} 比值为 1.8～2.0 时，适合于 PCR 扩增。

7.3　巢式 PCR 检测

7.3.1　第一轮 PCR 扩增

按下列方法配制 20μL PCR 扩增反应体系：2×Easy Taq PCR

反应预混液 8.0μL，上游外引物 P1（10μmol/L）0.3μL，下游外引物 P7（10μmol/L）0.3μL，DNA 模板（25ng/μL）3.0μL，PCR 水 8.4μL。

第一轮 PCR 扩增参数：95℃预变性 5min，94℃变性 1min，55℃退火 1min，72℃延伸 1min，25 个循环；72℃延伸 10min。空白对照用无菌一级水代替样品 DNA 模板。

7.3.2 第二轮 PCR 扩增

按下列方法配制 20μL PCR 扩增反应体系：2×Easy Taq PCR 反应预混液 8.0μL，上游内引物 R16F2n（10μmol/L）0.3μL，下游内引物 R16R2（10μmol/L）0.3μL，第一轮 PCR 产物（稀释 30 倍）取 3.0μL 作为模板 DNA，PCR 用水 8.4μL。

第二轮 PCR 扩增参数：95℃预变性 5min，94℃变性 1min，62℃退火 1min，72℃延伸 1min，30 个循环；最后 72℃延伸 10min。空白对照为无菌一级水。

7.4 扩增产物的电泳检测

7.4.1 称取适量琼脂糖加入 1×TAE 缓冲液中，加热至完全溶解，配制成 1.5%的琼脂糖溶液；稍事冷却后倒板，室温下凝固成琼脂糖凝胶。

7.4.2 分别取 2μL 6×上样缓冲液和 5μL 的第二轮 PCR 扩增产物到新的 PCR 管，振荡混匀，2 000 g 离心 5 s。

7.4.3 分别将 5μL DNA 分子量标准物和第二轮 PCR 产物混合液依次加入琼脂糖凝胶的点样孔后进行电泳，电泳使用的电压为 80 V，电泳时间为 30min。

7.5 凝胶成像分析

将琼脂糖凝胶置于凝胶成像系统成像仪上，根据 DNA 分子量标记判断扩增出的目的条带大小，将电泳结果用拍照系统拍照形成图片文件存档。

8 结果描述及判定

8.1 质控标准

阳性对照出现一条大小为1 240 bp±5 bp条带，阴性对照和空白对照无条带时判定为实验有效。

8.2　结果判定

8.2.1　阳性：被检样品泳道出现一条大小为1 240 bp±5 bp条带时，判为阳性，必要时进行测序。

8.2.2　阴性：被检样品没有出现一条大小为1 240 bp±5 bp条带，经重复2次检测后仍未出现扩增条带时，判为阴性。